本书出版得到吉林大学哲学基础理论研究中心资助

哲学基础理论研究丛书

LUOJI GUANNIAN DE BIANQIAN

逻辑观念的
变迁

田忠锋⊙著

中国社会科学出版社

图书在版编目（CIP）数据

逻辑观念的变迁／田忠锋著．—北京：中国社会科学出版社，2023.11
（哲学基础理论研究丛书）
ISBN 978 - 7 - 5227 - 2530 - 7

Ⅰ．①逻…　Ⅱ．①田…　Ⅲ．①形式逻辑—研究　Ⅳ．①B812

中国国家版本馆 CIP 数据核字（2023）第 165871 号

出 版 人	赵剑英
策划编辑	朱华彬
责任编辑	王　斌
责任校对	谢　静
责任印制	张雪娇

出　　版	中国社会科学出版社
社　　址	北京鼓楼西大街甲 158 号
邮　　编	100720
网　　址	http://www.csspw.cn
发 行 部	010 - 84083685
门 市 部	010 - 84029450
经　　销	新华书店及其他书店

印　　刷	北京君升印刷有限公司
装　　订	廊坊市广阳区广增装订厂
版　　次	2023 年 11 月第 1 版
印　　次	2023 年 11 月第 1 次印刷

开　　本	650×960　1/16
印　　张	15.5
插　　页	2
字　　数	229 千字
定　　价	98.00 元

序
思维规律的理论自觉

人们能够"不自觉"地凭借思维的本性进行思维，但是人们不能"自发"地掌握思维运动的规律，因此需要"自觉"地研究思维运动的"逻辑"。"逻辑学"就是一门"自觉"地以"思维规律"为对象的学问。

在人类的思维活动中，"概念"不仅是思维的"细胞"，而且是思维的"阶梯"。因此，以思维运动的"细胞"和"阶梯"为立足点和出发点的"逻辑学"，就不仅包括对思维运动的"同时态"研究，还包括对思维运动的"历时态"研究。由于作为思维的"细胞"和"阶梯"的"概念"具有双重的规定性——指称对象的"外延"和表述对象规定性的"内涵"，因此，研究思维规律的逻辑学，既包括由概念的外延所构成的"外延逻辑"或"形式逻辑"，又包括由概念的内涵所构成的"内涵逻辑"或"辩证逻辑"。由于"思维的最切近的基础是实践"，因此，研究思维规律的逻辑学，还包括由概念的实践基础所构成的"实践逻辑"或"生活逻辑"。逻辑学的逻辑观念的变迁，是同"形式逻辑""内涵逻辑""实践逻辑"的相互关系密不可分的。

哲学对形式逻辑前提的双重关切，是一种指向形式逻辑的前提而又超越形式逻辑的论域的关切，是批判性地思考理论思维前提的哲学层面的关切。因此，必须强调的是，哲学对形式逻辑的前提批判，是批判地反思理论思维的前提，而不是否定作为形式科学的逻辑学。作为一门形式科学的逻辑学，具有自己独特的理论性质和社会功能。就其作为一门独立的科学而言，在其自身的论域内，并不需要提出理论思维的前提问题；就其以理论思维的前提为前提而展开自身而言，又为哲学对逻辑学的批判反思提供了理论空间。理解这二者之间的区别，才能展开对构成思想的形式逻辑的前提批判。

哲学对形式逻辑前提的关切，从具有实质性内容的角度看，始于 18 世纪末到 19 世纪初的德国古典哲学。这种实质性内容，就是辩证法对形式逻辑的前提批判。德国古典哲学创始人康德，在与其先验逻辑相对立的意义上去批判形式逻辑，认为形式逻辑割断认识的内容与形式的联系，也就取消了认识的真正的矛盾——认识内容与认识形式的矛盾。康德本人则从认识的内容与形式的矛盾入手，批判性地反思理论思维的前提——思维把握存在的逻辑。德国古典哲学的集大成者黑格尔，从存在论、认识论和逻辑学相统一的视野出发，认为逻辑不是关于思维的外在形式的学说，而是关于人类思维运动规律的科学。在人类思维运动的进程中，形式是具有内容的形式，是和内容不可分离地联系着的形式。黑格尔所要求的这种逻辑，是概念发展的逻辑，也就是概念辩证法。正是黑格尔所创建的自觉形态的概念辩证法，真正开始了辩证法对形式逻辑的前提批判。

列宁非常赞赏黑格尔所要求的内容与形式相统一的逻辑，并提出"逻辑不是关于思维的外在形式的学说，而是关于'一切物质的、自然的和精神的事物'的发展规律的学说，即关于世界的全部具体内容的以及对它的认识的发展规律的学说，即对世界的认识的历史的总计、总和、结论"①。尤其值得注意的是，列宁更为明确地把对旧逻辑的批判升华为对理论思维前提的批判反思。列宁提出，"如果一切都发展着，那么这是否也同思维的最一般的概念和范畴有关？如果无关，那就是说，思维同存在没有联系。如果有关，那就是说，存在着具有客观意义的概念辩证法和认识辩证法"②。在这里，列宁极为深刻地把作为世界观理论的辩证法与作为哲学基本问题的理论思维的前提联系起来。辩证

① 《列宁全集》第 55 卷，人民出版社 1990 年版，第 77 页。
② 《列宁全集》第 55 卷，人民出版社 1990 年版，第 215 页。

法理论作为关于思维和存在的统一与发展的学说，它不是把形式逻辑中作为"已知判断"的前提当作凝固的东西，而是当作发展着的东西。任何概念、范畴、命题都只是"认识世界的过程中的梯级，是帮助我们认识和掌握自然现象之网的网上纽结"①。所有的这些"梯级""网上纽结"，都蕴含着思维与存在的矛盾，都具有内在的自我否定性，从而构成人类认识发展的逻辑。

概念具有内涵和外延，因此，在人的思想活动中不仅要遵守作为外延逻辑的形式逻辑，而且要遵守作为内涵逻辑的辩证逻辑。但是，在逻辑学界，通常不赞同把辩证逻辑称为逻辑学，甚至也极少使用"内涵逻辑"这个提法。

在众多的逻辑学家和科学哲学家看来，"辩证逻辑"是根本不成立的。逻辑学家们认为，"辩证逻辑"要么是混乱的，要么是非正统、非标准的变异逻辑。如果是前者，当以它宣扬赤裸裸的矛盾为由而抛弃之；如果是后者，它在逻辑家族自有一席之地，但它和标准逻辑在概念上并不能相互定义。这种论断的根本依据就在于，"接受矛盾是很荒谬的事情，如果连矛盾都可以接受，那么还有什么荒谬的事情不能接受呢"？同样是在否认"矛盾"的意义上，科学哲学家也往往是以"排除矛盾"为由而拒斥"辩证法"或"辩证逻辑"。

无论是逻辑学家还是科学哲学家，他们对"辩证逻辑"的质疑，主要集中在以下几个方面：其一，"辩证矛盾"究竟是什么东西？矛盾能否客观存在？辩证矛盾与逻辑矛盾究竟是什么关系？其二，"辩证逻辑"与"形式逻辑"是不是"高等数学"与"初等数学"的关系？能否认为"辩证逻辑"对"形式逻辑"具有深层的解释力？其三，逻辑规律是否可以分为"动态"的与"静态"的？能否认为"辩证逻辑"克服了"形式逻辑"只注重静态的局限？

在人的思维运动中，对任一事物的把握和理解，都"同时态"地具有缺一不可的两个方面：其一，肯定事物自身的同一性，是就是，不是

---

① 《列宁全集》第55卷，人民出版社1990年版，第78页。

就不是，A 就是 A，A 就不是非 A，这是对事物的"知性"的把握和理解，由此所构成的就是思维运动所遵循的"形式逻辑"；其二，"在对现存事物的肯定的理解中同时包含对现存事物的否定的理解"①，将事物理解为自我否定的过程，A 既是 A，A 又是非 A，这就是对事物的"辩证"的把握和理解，由此所形成的就是思维运动所遵循的"辩证逻辑"。

这个"分析"表明：其一，肯定"辩证逻辑"并不是以否定"形式逻辑"为前提，而恰恰是以肯定"形式逻辑"为前提；其二，肯定"形式逻辑"并不是认为它是思维运动的"唯一"的逻辑，而恰恰要在对"形式逻辑"的前提批判中阐释"辩证逻辑"；其三，阐释"辩证逻辑"并不是认为它是所谓的"高级"的逻辑，而恰恰是在这种"阐释"中展开对"辩证逻辑"的前提批判。辩证逻辑，是概念的内涵逻辑、思想的内涵逻辑，是关于概念、思想发展的逻辑。

在哲学发展史上，有两种基本的内涵逻辑：黑格尔的概念辩证法的内涵逻辑和马克思的历史辩证发展的内涵逻辑。前者是以"概念"自身为内容的内涵逻辑，后者则是以"历史"为内涵的内涵逻辑。历史的内涵逻辑，就是人自身发展的逻辑，就是人类文明史的逻辑。以《资本论》为主要标志马克思主义哲学揭示和展现了历史的内涵逻辑。

作为哲学基本问题的"思维和存在的关系问题"是以人类实践活动的现实性与普遍性、现实性与理想性、现实性与无限性的矛盾为实质内容的。从哲学与人类存在的矛盾性的关系中，从哲学与人类存在的实践性的关系中，我们应当得出这样的基本结论，即：对于改造世界和认识世界的主体来说，哲学是人类把握世界的不可或缺和不可替代的基本方式；而哲学的存在与发展，则深深地植根于人类自身的存在方式——实践。实践的逻辑应当成为反思哲学及其"基本问题"的现实基础。

田忠锋博士的这部著作从对形式逻辑的前提批判入手，通过对"形式逻辑""理性论的内涵逻辑""实践论的内涵逻辑"以及结构主义哲学的逻辑观念的系统批判和反思，为我们了解人类思维逻辑观念的变迁

① 《马克思恩格斯选集》第二卷，人民出版社 2012 年版，第 94 页。

提供了一个富有启发性的线索。"逻辑"问题是哲学研究中关于思维内在矛盾和运动规律的重要问题,"逻辑"观念的反省对于我们理解人类思维内在的矛盾,进而实现理论思维的自觉具有不可或缺的意义和价值。

孙正聿
2023 年 10 月 15 日

目 录

第一章　形式逻辑的前提批判

一　形式逻辑的外延逻辑本质

符合逻辑，不违反逻辑规律是对思想表达的基本要求，这里的逻辑指的是形式逻辑。形式逻辑是研究思维的形式结构及其规律的科学，其核心内容是研究推理的形式结构及其规律。由于形式逻辑所考察的是具有普遍性的思维形式结构及其规律，因此，它必须抽象掉思维的具体内容，以无内容的思维形式为对象。因而，形式逻辑对推理的研究，是以脱离推理中命题的具体思想内容为前提的。然而，形式逻辑研究的是具有必然性的推理形式，由于形式逻辑的研究本身已经抽象掉了思维的具体内容，因而其形式必然性的获得就不能来自命题的具体思维内容，也就是说不能来自概念内涵以及命题的意义，而只能来自概念和命题的外延。因而，形式逻辑之形式必然性只能通过概念或命题间的外延关系的必然性来保证，在这个意义上，形式逻辑在本质上是外延逻辑。

（一）外延关系必然性——形式逻辑推理的依据

形式逻辑本质上是外延逻辑，其根源在于：在形式逻辑推理中，推理的必然性只能从概念或者命题的外延中获得，而不能通过概念或者命题的内涵获得。在形式逻辑中，概念是命题的基础，概念和命题是推理的基础。按照通行逻辑学教材的观点，形式逻辑中的概念由两方面构成：概念的内涵和概念的外延。概念的内涵表示对象所具有的本质属性，概念的外延表示所有具有该种属性的对象集合。由此看来，概念的内涵决定概念的外延，也就是说一个概念表示的某种属性决定了它所指称的对象集合。由此看来，概念之间的关系以及建立在概念间关系基础上的命题间的关系从根源上说来自概念的内涵。也就是说判断（表示概念间的关系）和推理（表示命题间关系）的必然性应当来自概念的内涵。但是，形式逻辑对思维的形式结构的考察必然要以脱离具体的思维内容为前提，因为只有不依赖于具体思维内容的思维形式才具有普遍性，才具有广泛的应用意义。因而，形式逻辑推理的必然性不能从概念的内涵中获得，而只能从概念的另一个构成要素——外延中获得。

不考察概念或者命题的内涵，仅仅依靠外延在概念乃至命题之间建立起必然性的形式联系是能够实现的。概念的外延是一个对象类的集合，对于这一集合我们可以用量词"所有的"来表示它的全部，也可以用"有的"来表示它的一部分。根据我们的数学常识，很显然我们能够确定"所有的"包含"有的"。因此，借助概念外延相互之间的整体和部分之间的关系，就在概念之间建立起相互关联的形式必然性。例如，"所有的鸟类都是动物"，这表示"鸟类"外延的全部是"动物"外延的一部分（广义上的）。"所有的动物都是生物"，这表示"动物"外延的全部是"生物"外延的一部分。按照"鸟类"和"动物"以及"动物"和"生物"在外延上的部分与全部的关系，就可以确定"鸟类"和"生物"在外延上的部分与全部的关系，因此由前两个命题可以推知："所有的鸟类都是动物。"正是在概念外延间部分与全部关系的基础上，我们构建起了三段论推理的一个基本有效形式。

概念的外延是某一个或某一类对象，命题与此不同。如果说概念所指称的是一个"原子事实"的话，那么命题就指称由这些"原子事实"所构成的"事态"。概念由于只指称一类对象，因此它无所谓真假。命题则不同，命题表示由"原子事实"所构成的"事态"，这一事态可能与事实相符，也可能与事实相违背。因此命题具有逻辑上的"真"和"假"的值，在逻辑上称为命题的真值。抽象掉命题的具体内容，命题的外延就是其真值。依赖命题的外延真值可以构建命题之间真值关联上的必然性。例如，"萨特是哲学家并且是文学家"。断定此命题真也就断定了"萨特是哲学家"和"萨特是文学家"同时具有真的逻辑值，由此可以推断"萨特是哲学家"也具有真的逻辑值。正是在命题间的真值关联上，我们确定了这一推理的形式必然性。

形式逻辑推理必然性的依据是概念及命题外延间关系的必然性，论证这一观点的简单方式是：形式逻辑研究具有必然性的推理，推理的必然性只可能来自内涵和外延两个方面，因为概念就是由这两方面要素构成的。由于形式逻辑不考察思维的具体内容，因而其必然性只能来自外延。

（二）直言命题逻辑的外延逻辑特质

形式逻辑在本质上是外延逻辑，这是由其形式上的必然性只能来源于概念及命题的外延间关系所决定的。此外，其外延逻辑本质还表现在直言命题逻辑以及复合命题逻辑的外延逻辑特质。作为形式逻辑的最为重要、同时也是最系统、最完善的组成部分，直言命题逻辑和复合命题逻辑都表现出鲜明的外延逻辑特质。

形式逻辑的外延逻辑特质最为鲜明地表现于直言命题逻辑中。直言命题逻辑的特点在于，它能够处理直言命题内部主项和谓项之间的外延关系。在直言命题中，主项和谓项都是具有一定量的词项。直言命题所断定的主项和谓项之间的关系是作为主项的概念的一定量的外延同作为谓项的概念的外延之间的关系。也就是说，直言命题在本质上是一种外延关系命题。正是由于直言命题是外延关系命题，我们才可以用表示数量的集合之间的相容和不相容关系来表示直言命题中主谓词外延之间的关系，由此才有了用几何图形表示直言命题主项和谓项外延关系的文恩图解。

由于直言命题是外延关系命题，由直言命题所构成的推理就是一种依靠概念之间外延关系进行的推理。直言命题推理分为直接推理和间接推理。直接推理包括直言命题对当关系推理和直言命题变形推理。同素材直言命题间的对当关系是直言命题对当关系推理的根据。从一定意义上说，对当关系的存在根源于直言命题的外延关系命题本质。由于主项和谓项在外延上存在着完全相容、部分相容、完全不相容和部分不相容四种可能性，因而存在着全称肯定命题、特称肯定命题、全称否定命题和特称否定命题四种基本的直言命题，全称肯定命题表示主项在外延上完全相容于谓项；特称肯定命题表示主项在外延上部分地相容于谓项；全称否定命题表示主项在外延上完全不相容于谓项；特称否定命题表示主项在外延上部分地不相容于谓项。由于在外延关系上，主项和谓项在完全相容和部分不相容二者间必居其一，在部分相容和完全不相容之间必居其一，并且两种关系不能同时存在。因而在全称肯定命题与特称否定命题之间、全称否定命题与特称肯定命题之间存在着不能同真也不能同假的矛盾关系。由主项在外延上完全相容于谓项，可确定主项必然部分地相容于谓项；由主项在外延上不能部分地相容于谓项，可断定主项在外延上必然不能全部地相容于谓项。同理，由主项在外延上完全不相容于谓项，可断定主项在外延上必然部分地不相容于谓项；由主项在外延上不能部分地不相容于谓项，可断定主项在外延上必然不能全部地不相容于谓项。因而，在全称肯定命题和特称肯定命题之间，以及在全称否定命题和特称否定命题之间存在着差等关系。由全称肯定命题与特称否定命题之间的矛盾关系以及全称否定命题与特称否定命题之间的差等关系可以推断出：在全称肯定命题与全称否定命题之间存在着只可同假、不可同真的反对关系；由全称肯定命题与全称否定命题之间的反对关系、全称肯定命题与特称否定命题之间的矛盾关系以及全称否定命题与特称肯定命题之间的矛盾关系可以推出：在特称肯定命题与特称否定命题之间存在着可同真、不可同假的下反对关系。

直言命题直接推理中的变形推理也是通过概念间的外延关系所进行的推理。在变形推理的换位法中有一个基本的要求：在前提中不周延的词项在结论中也不能周延。这一要求明确地显示出概念的外延在推理中的重要地位。在变形推理的换位推理中必须遵守这一规则的原因在于：作为前提的直言命题所断定的是主项概念的一定量的外延同谓项概念外延之间的或肯定或否定的联系，要保持推理的必然性，作为结论的直言命题所断定的两个概念外延间的或肯定或否定的联系在量上不能超出前提所断定的范围，因此，在结论中表示概念外延的量只能等于或者小于前提中表示概念外延的量。

更为鲜明地体现形式逻辑的外延逻辑特质的是直言命题三段论推理。按照现有通行逻辑教材的定义："直言三段论是由三个直言命题构成的推理形式。它满足以下三个条件：第一，这三个直言命题，包含且只包含三个不同的词项。第二，每个词项，在任意一个命题中至多只出现一次，但在这三个直言命题中共出现两次。第三，以其中的两个命题为前提，以第三个命题为结论。"[1]

在直言三段论中，在前提中出现两次，在结论中不出现的词项称为中项，用 M 表示；结论的主项称为小项，用 S 表示；结论的谓项称为大项，用 P 表示。包含小项的前提称为小前提，包含大项的前提称为大前提。这是三段论的形式构成要素。按照中国人民大学哲学系逻辑教研室编的《逻辑学》的观点，直言三段论推理的依据在于："一类对象的全部，是什么或不是什么，那么，这类对象中的部分对象，也是什么或不是什么，或者说，当肯定或否定全部时，也就肯定或否定了部分。"[2]

在直言命题中以概念表示对象类，以全称概念表示一类对象的全部，也就是概念的全部外延。因此，以另外一种方式表述这个依据则是：如果某一概念的全部外延都包含于或不包含于另一概念的外延之中，那么这一概念的部分外延也必然包含于或不包含于另一概念的外延之中。例如：

　　　　所有金属都是导体；

---

① 中国人民大学哲学系逻辑教研室编：《逻辑学》，中国人民大学出版社 2002 年版，第 84 页。

② 中国人民大学哲学系逻辑教研室编：《逻辑学》，中国人民大学出版社 2002 年版，第 85 页。

　　　铝是金属；

　　　所以，铝是导体。

在这个三段论推理中，金属概念外延的全部都包含于导体概念的外延，铝概念的全部外延是金属概念外延的一部分，因此，铝概念的全部外延都包含于导体概念的外延。在这个推理中，金属概念是中项，该推理过程是以金属概念（中项）的外延为中介确立铝概念（小项）的外延同导体概念（大项）外延之间的关系，从而形成结论的。正是由于概念之间的外延关系在三段论推理中的关键地位，直言三段论推理的一般规则中有两条是针对词项的外延的：一是中项在前提中至少周延一次；二是前提中不周延的项，在结论中也不得周延。第一条规则的作用在于确保中项的外延能够建立起小项外延与大项外延之间的必然联系，第二条规则的作用在于确保结论对词项外延的断定不超出前提，从而确保推理的必然性。

由以上分析可以看出，作为传统形式逻辑的一个重要组成部分的直言命题逻辑，无论是从命题性质来看，还是从推理的依据和性质来看，都离不开概念外延间的关系。由此可以断定，直言命题逻辑本质上是外延逻辑。

（三）复合命题逻辑的外延逻辑特质

形式逻辑的外延逻辑本质还表现在命题逻辑中。命题逻辑是以命题为基本单位研究推理的逻辑形式，其根本目的是寻求从真命题必然能够推出真命题的必然性推理形式。命题逻辑要求命题自身必须有可断定真假的特征，而命题的这一特征根源于形式逻辑中概念的特征。形式逻辑中的概念具有明确的内涵和外延，并且在内涵同外延之间存在反变关系，即内涵较少的概念外延较大，内涵较多的概念外延较小。内涵同外延之间的反变关系表明：在形式逻辑中概念的内涵同概念的外延之间是严密对应的，确定了某概念的内涵，其外延也随之确定。概念的外延同内涵的这种严密对应关系使概念具有指称外延对象的功能。由于概念具有指称外延对象的功能，表达判断的命题就成为对某种客观对象的断定，也就是对"事态"的某种描述。而命题断定是否与我们所掌握的客观对象之实际状况相符使命题本身具有了或真或假的意义，在这个基础上我们才可以谈论命题的真或者假。由此看来，在命题逻辑中，命题中的概念是外延意义上的概念，而不是内涵意义上的概念，只有在外延的意义上使用概念，命题才能具有明确的真值或者假值。从这个意义上说，概念外延的明确是命题逻辑推理的一个前提。

　　概念具有明确的外延是命题逻辑推理的前提，它表明命题逻辑的外延逻辑特质。此外，命题逻辑推理的各种推理形式也表明其外延逻辑的特质。我们所熟知的复合命题推理包括联言命题推理、选言命题推理和假言命题推理。联言命题推理的有效式分别为合成式和分解式。合成式的一般形式为：以两个简单命题为前提推出由这两个简单命题所构成的联言命题为结论。例如（1）：

　　　　我们要建设社会主义物质文明；

　　　　我们要建设社会主义精神文明；

　　　　所以，我们既要建设社会主义物质文明又要建设社会主义精神文明。

　　分解式的一般形式为：以一个联言命题为前提推出这个命题的任意一个作为其联言支的简单命题作为结论。例如（2）：

　　　　大学是培养人才的地方并且也是出科研成果的地方；

　　　　所以，大学是出科研成果的地方。

　　以上两种推理形式都是通过外延所进行的推理。这里所说的外延不是概念所对应的客观对象，而是由命题本身所具有的真值情况，因此我们不妨把它称为真值外延。在例（1）的合成式联言推理的前提中，我们分别断定了"我们要建设社会主义物质文明"和"我们要建设社会主义精神文明"具有真的值，依据联言命题的逻辑性质，即当构成联言命题的支命题都具有真值时，该联言命题具有真的值，因此由这两个前提我们可以推出结论："我们既要建设社会主义物质文明又要建设社会主义精神文明。"在例（2）的分解式联言推理中，在前提中断定了"大学是培养人才的地方并且也是出科研成果的地方"为真，依据联言命题的逻辑性质也就是断定"大学是培养人才的地方"和"大学是出科研成果的地方"都为真，因此可以推出结论"大学是出科研成果的地方"。

选言推理也是依据命题的真值外延进行的推理形式。选言推理包括相容选言推理和不相容选言推理，在此我们仅以相容选言推理为例。相容选言推理的有效形式为否定肯定式：一个前提为包含两个选言支的相容选言命题，另一个前提为其中一个选言支的否定，结论为相容选言命题的另一个选言支。

> 推理有错误或因前提不真或因推理形式不正确；
> 这个推理的错误不是由于推理形式不正确；
> 所以，这个推理的错误是由于前提不真。

在这一推理形式中，在前提中首先断定了相容选言命题"推理有错误或因前提不真或因推理形式不正确"为真，依据选言命题的逻辑性质可以断定其选言支"推理有错误是由于前提不真"和"推理有错误是由于推理形式不正确"二者至少有一个为真，另一前提否定了"推理的错误是由于推理的形式不正确"这个选言支，因而结论可以推出"推理有错误是由于前提不真"这一选言支。假言命题推理的性质同联言命题推理、选言命题推理的性质相同，在这里不作进一步的分析。

复合命题推理的依据在于，复合命题的逻辑性质决定了它在取一定真值的情况下，其子命题的真值组合状况。如果我们在前提中确定了一部分子命题的真值状况，就可以推知其他子命题的真值状况作为结论。

复合命题推理的有效形式是在前提中的真值外延状况包含了结论的真值外延状况的推理，前提的真值外延状况包括结论的真值外延状况为推理形式提供了必然性。从这个意义上说，复合命题推理是一种外延推理，复合命题逻辑具有外延逻辑特质。

随着弗雷格所创立的符号化系统出现，命题逻辑从古典的日常语言形式发展到现代的、专门的符号化系统形式。命题逻辑的现代形式相对于古典形式来说具有巨大的优越性，这种优越性体现在：古典的命题逻辑由于受日常语言的局限，对于命题逻辑的考察比较肤浅，内容也比较单一。现代形式逻辑引入了专门的符号化系统之后，可以建立各种对命题的逻辑运算和演算，从而拓宽了命题逻辑的内容并且加深了对复合命题推理形式的研究。现代形式逻辑的产生使命题逻辑的外延特质更为鲜明地体现出来。现代形式逻辑研究复合命题推理的主要手段是逻辑运算和演算，无论是逻辑运算还是演算都离不开大量的等值式，求范式需要应用双重否定律、蕴涵律、德摩根律、等值消除率、合取分配律、析取分配律等，简化范式需要应用排除律、吸收律、第一显示律、第二显示律，命题逻辑的形式证明除了要应用一般推理规则之外，还需要依赖于等值式相互替换的置换规则。形式化命题逻辑在运算过程中等值式相互替换的依据在于：命题逻辑公式本质上是一种真值形式，即只具有真假值意义的符号式，等值式是无论在其他们所包含的变项取任意一组真值时，两边的命题逻辑公式都具有相同的真值。也就是说，两个命题逻辑的公式具有相同的真值外延时，它们是等值的，在逻辑运算和演算中可以相互替换。由此可见，即便是命题逻辑发展到现代的符号化形式系统，它仍然表现出鲜明的外延逻辑特质。

小结：综合以上分析可以发现，形式逻辑本质上是外延逻辑。其依据在于，作为一种以形式必然性为研究对象的逻辑，其推理的必然性只能依赖于概念和命题之间的外延关系。同时，形式逻辑的最主要、发展最为成熟系统的两个组成部分，即直言命题逻辑和复合命题逻辑都体现出鲜明的外延逻辑特质。

二 反思外延逻辑的前提
——科学与常识

（一）科学知识与常识——形式逻辑的前提

形式逻辑本质上是外延逻辑，即依靠概念及命题之间的外延关系获得必然性的逻辑。形式逻辑的必然性源于概念以及命题之间外延关系的必然性，从这个意义上说，形式逻辑以提供给概念和命题固定外延的具体知识为前提。常识和科学知识给我们提供了概念和命题的确定外延，进而构成了外延逻辑的最直接的前提。

作为外延逻辑的形式逻辑的主要研究对象是推理，按照上文的分析，推理必然性的依据是概念以及命题外延间的必然性联系。因而，具体的概念以及命题具有什么样的外延，在它们的外延之间究竟存在什么样的必然性关系，就直接构成了外延逻辑的前提。对于这一前提，只以推理的形式为自身的研究对象的形式逻辑是无法加以追问的。形式逻辑的研究对象是思维的推理形式，推理是根据一定的前提推出一定结论的思维形式。因此，形式逻辑所关注的焦点是从前提推出结论的过程是否具有必然性，是否符合推理的一般规则。至于推理的前提是否正确，能否在理论和实践中经得住考验，形式逻辑并不关心，因为这已经超出了形式逻辑的研究领域。因此，形式逻辑只能从现有的知识体系中将自身的前提作为既定的知识接受下来。在现有的知识体系中，具有确定性的常识和科学知识给我们提供了概念以及命题的确定外延，因而成为外延逻辑的直接前提。常识和科学知识作为外延逻辑的前提，其作用在于：通过自身现有的知识内容体系，它们提供了作为推理前提的命题真假与否的判断，从而确定了直言命题中主项与谓项之间的外延关系以及复合命题中命题的真值外延，并且通过概念以及命题外延间关系的确立，为具体的形式逻辑推理提供必然性依据。

外延逻辑中各种推理形式都有不可或缺的前提，前提的正确是外延逻辑的形式必然性确保推理必然性的保证，判断前提正确与否的依据是科学知识与常识。在三段论推理"经济规律是客观规律，客观规律总是不以人们的意志为转移的，所以，经济规律是不以人们的意志为转移的"中，大前提（客观规律总是不以人们的意志为转移的）和小前提（经济规律是客观规律）是这一推理的两个前提。这个三段论推理的必然性依赖于大前提和小前提的正确与否。但是，对于大小前提的正确与否，在三段论推理中是不予考虑也没有能力加以考察的。对于三段论推理中的大小前提是否正确，我们只能借助科学与常识加以判断。凡是符合我们的科学和常识的，就是正确的；凡是与我们的科学和常识相违背的，就是错误的。同理，在复合命题逻辑推理中，推理前提正确与否也是推理得以成立的必要前提。对比下面两个推理：（1）如果物体受到摩擦，那么它就会发热。此物受到了摩擦。所以，此物会发热。（2）如果地球是方的，那么 $2+2=5$。地球是方的。所以，$2+2=5$。推理（1）和推理（2）具有相同的推理形式。但是我们却必须把这两个推理区分开，推理（1）是正确的，推理（2）是错误的。判定推理（1）正确、推理（2）错误的依据是科学与常识。

形式逻辑以推理的形式为自己的研究对象，确立了推理的一般形式规则，从而为推理形式上的正确提供的可靠的依据。但是判定一个推理是否具有必然性不仅仅要考察其形式，还必须考察其内容。常识与科学知识构成了形式逻辑内容上的前提，因此，准确地评价形式逻辑的必然性必须审查作为形式逻辑前提的科学知识与常识。

（二）常识与科学知识的哲学反思

常识是人类通过经验所积累起来的平常而又持久起作用的知识，是人类生存最为基本的重要手段。作为一种同经验紧密相连的基本生存手段，常识为每个健全的人所共享。同时由于对自身经验的总结，每个人不仅分享常识、体验常识，而且也贡献新的常识。作为人类生存的最基本手段，常识具有普遍性、直接性和明晰性的特征。常识为每个理智正常的人所共享，在为人们所广泛接受的意义上，常识具有最大的普遍性。作为通过经验积累和口头传授所获得的知识，常识不需要推理或证明，它是"直接"被知道和接受的。正是由于常识是直接被接受的，它才具有最为广泛的普遍性。常识还具有确定性的特征，常识之所以能为人们所普遍的接受和共享在于它的确定性，具有确定性的常识可以为人们的日常生活实践提供明确的参照体系。常识的普遍性、直接性和确定性使它能够有效地架起人们相互沟通的桥梁。"在常识的概念框架中，人们的经验世界得到最广泛的相互理解，人们的思想感情得到最普遍的相互沟通，人们的行为方式得到最直接的相互协调最便捷的自我认同。常识是人类把握世界与自我的最具普遍性的基本方式。"①

常识作为人类把握世界与自我的基本方式在于它的普遍性、直接性和明确性，其普遍性、直接性和明确性在于，常识在本质上是对世界的一种经验的把握方式。常识是通过人类的生活经验积累起来的知识，这种知识的特性就在于它对经验的依附性。"在常识的概念框架中，概念总是依附于经验表象，并围绕着经验表象旋转。"②"人们以常识的概念框架去观察、描述和解释世界，其实质是以经验的普遍性去把握世界，去形成具有经验的共同性的世界图景。"③正是由于经验的普遍性、直接性和明晰性，常识才具有为人们所直接接受、普遍共享的特征。在以经验的普遍性把握世界的过程中，通过人的经验直观所形成的表象起着普遍的中介作用，人们在常识的层次上所达成的共识，并不是对具体常识"概念"具有何种具体的思想内涵达成了共识，而是对该概念所指示的具体的直观表象有着直接的共识，离开在经验直观中所形成的直观表象以及其再现，常识中的"概念"就不具有任何意义。由此可见，人们常识的世界图景是通过经验过程中的直观表象所形成的，世界图景是通过经验直观给予"主体"的，"主体"又以被给予的世界图景来把握经验直观的世界，直观性或给予性是常识的世界图景的

---

① 孙正聿：《哲学通论》，辽宁人民出版社 1998 年版，第 58 页。
② 孙正聿：《哲学通论》，辽宁人民出版社 1998 年版，第 58 页。
③ 孙正聿：《哲学通论》，辽宁人民出版社 1998 年版，第 59 页。

根本属性。

常识的世界图景固有的直观性或给予性特征又使常识本身具有鲜明的凝固性或者非批判性，常识的世界图景是保守的。由于常识的世界图景以共同经验的历史性遗传为中介来实现其世世代代的延续，这种延续是拒绝变革的，因此其本质上是一个僵化的、凝固的世界图景。在常识的世界图景中，概念总是依附于感性直观经验，概念总是围绕着经验表象旋转，因此，概念实质上只是一个表述经验的名称，因此常识的世界图景中的概念也是凝固的不变的。同时，作为表述经验名称的概念不能把经验的实质内容清晰明确地表达出来，因此，经验内容和概念都不能成为反思批判的对象。美国科学哲学家瓦托夫斯基认为，"可批判性的条件至少是，批判的对象必须是被明确表达出来的，是自觉反思的对象，而不再是不能言传的东西"①。批判的对象"不能只是经验本身，因为经验不过是过去的存在。要使经验成为批判性的，就需要用如此一种方法来表述经验，以使得经验能够成为反思的对象"②。瓦托夫斯基的分析表明，固着于经验的常识在自身的概念框架内永远不能成为批判的对象，常识依赖于经验，常识是非批判的，这决定了常识的思维方式总是一种形而上学的思维方式。这种所谓的形而上学的思维方式，就是恩格斯所说的"在绝对不相容的对立中思维"，其"思维公式"是："是就是，不是就不是，除此之外，都是鬼话。"③ 以常识的概念框架把握世界，就是以"共同经验"为中介把握世界。"在这种以'共同经验'为中介的主—客体关系中，人作为既定的经验主体，以'直观'的方式把握世界；世界作为既定的经验客体，以'给予'的方式而呈现给认识的主体（人）。"④ 在这种主—客体关系中，"主体的经验同经验的客体

---

① ［美］M. W. 瓦托夫斯基：《科学思想的概念基础——科学哲学导论》，范岱年、夏金水、金吾伦等译．求实出版社 1982 年版，第 89 页。

② ［美］M. W. 瓦托夫斯基：《科学思想的概念基础——科学哲学导论》，范岱年、夏金水、金吾伦等译．求实出版社 1982 年版，第 89 页。

③ 转引自《马克思恩格斯选集》第三卷，人民出版社 2012 年版，第 396 页。

④ 孙正聿：《哲学通论》，辽宁人民出版社 1998 年版，第 62 页。

之间具有确定的、稳定的、一一对应的、非此即彼的经验关系"①，经验总是表现出高度的确定性，它也要求经验主体的思维必须保持确定性。因此，在常识的思维中，真的就是真的，不是假的；善的就是善的，不是恶的；美的就是美的，不是丑的。一切概念范畴相互之间都是泾渭分明的，是相互独立的存在。正是在概念之间相互独立、泾渭分明的存在的前提下形成了"形而上学"的思维方式。

具有确定性的常识在日常生活的非反思的范围内是通常有效的，甚至是令人尊敬的，它给人们的思想和行动提供能为人们共同理解和接受的标准，离开了经验常识，人们就寸步难行。但是，作为一种依赖于经验的知识，常识并不是一种经得住实践考验的知识，也就是说，作为知识，常识不具有普遍必然性。常识的形成和确立依赖于经验的重复和总结，通过两种现象的多次前后相继出现，在常识的经验积累的基础上，我们断定在两种现象之间具有因果关系。例如，"日晕三更雨，月晕午时风"这一常识就是我们通过经验积累所获得的常识。这一常识在大多数情况下能够为经验观察所证实，但也会出现例外。这表明，常识作为依靠经验积累所获得的知识是没有普遍必然性的。其原因在于，两种现象虽然在以往经验中经常出现，但这并不能排除在以后的经验中不出现例外，经验的重复并不能赋予常识以普遍必然性。从推理方式上看，经验不能赋予常识以必然性的原因在于，通过经验积累形成常识的方式是归纳推理。归纳推理是一种或然性的推理，其推理方式为：如果在前面的多次经验中两种现象相继出现，那么就可以肯定在二者之间存在因果联系。由于经验上的多次重复并不能保证在以后的经验中不出现例外，因此，通过经验形成的常识并不具有必然性。

通过以上分析我们可以得出这样的结论，作为形式逻辑前提之一的常识并不具有普遍必然性，因此它并不能和形式逻辑一起确保我们的知识的普遍必然性。在常识之外，我们另有一种更为重要的知识体系作为形式逻辑的前提。这一前提就是科学知识。随着近代以来科学技术的迅

---

① 孙正聿：《哲学通论》，辽宁人民出版社 1998 年版，第 62 页。

猛发展以及科学在改善人类社会生活方面的巨大贡献，科学知识成了现有文化知识体系中的顶点。正如恩斯特·卡西尔所指出的："在我们现代世界中，再没有第二种力量可以与科学思想的力量相匹敌。它被看成是我们全部人类活动的顶点和极致，被看成是人类历史的最后篇章和人的哲学的最重要主题。"① 作为支撑现代社会最为基本、最为重要的知识体系，科学知识同常识最大的区别就在于科学知识本身是一种理论知识体系，它超越了经验常识对经验的依附性，以一整套的概念框架构建起了对自然物理世界的解释体系。在常识中，概念是依附于经验表象的名称，而在科学知识中，由于人类思维和语言的抽象能力的提升，概念摆脱了对具体经验表象的依附性，依据概念和概念之间在思维内容上的关联，科学建立起了解释整个自然物理世界的概念框架体系。在这一概念框架体系中，物理自然世界被看作一个分门别类的、井然有序的一个整体。科学知识体系以自身特有的概念框架，揭示了自然物理世界中万事万物的具体分类以及在各个类别之间的具体联系，从而以概念框架的分类和秩序建立起了自然物理世界的概念图景，从而形成了对自然物理世界的普遍有效解释的知识体系。正是在这一点上，科学完全超越了常识，成为卡西尔所说的"全部人类活动的顶点和极致"。

科学如何超越常识而构成对自然物理世界的体系性解释呢？这同科学自身的一系列同常识迥然相异的特质有关。首先，科学知识是超越实用的解释体系。常识是一种直接实用的知识。常识之所以能直接为人们所普遍接受，就在于其直接实用性。作为人类在最实际的水平上对生存环境的适应，常识是人类的共同的文化遗产，是有关每个人在日常生活的基本活动中所应当具有的一般行动指南。因而，它在人们的日常生活中具有一般行为规范的直接意义。违背了常识的日常生活行为是不能得到大多数人的理解和接受的。与常识的直接实用性相反，科学知识的形成在于它的超越直接实用性的目的。现代科学从根本上说是西方文明的产物，其核心精神源自古希腊哲学，亚里士多德认为，学术不追求什么

---

① ［德］恩斯特·卡西尔：《人论》，甘阳译，上海译文出版社1985年版，第263页。

实用价值，而是为了学术而学术。从这个意义上说，科学本身的目的在于寻求对于事物的客观的解释，至于这个解释具有什么实用价值，这对于科学本身并不重要。近代以来，随着培根的"知识就是力量"这一口号的提出，科学知识具有了控制和征服自然的实用的价值。不过，即使是在近代，在科学体现出了在人类改造自然、改善人类生存状况等方面的巨大推动作用之后，追求实用价值仍然不是科学本身的目的。科学理论本身并不直接给人类征服自然提供实践层面的帮助，提供帮助的是以科学理论为指南的科学技术。物理、化学、地质学、天文学、生物学给人类提供的是关于自然界的物理规律、化学规律、地质变化规律、天体运动规律以及生物界的变化发展规律，这些规律并不直接具有实用性。一个精通生物学的科学家在农作物种植、家畜养殖等方面的技能并不会比有经验的农民更出色，但是，一旦农民掌握了科学家所发现的科学理论并与自己的经验结合在一起形成新的种植、养殖技术，其生产效率就会成倍地增长。

其次，科学具有同常识不同的概念框架体系。常识所使用的概念是自然概念，按照陈嘉映先生的说法，"自然概念是以人的日常生活为基准的，科学概念则以理论为基准"[1]。所谓自然概念以人的日常生活为基准是说，常识的自然概念所表达的意义是依据人们的日常生活经验的。以"圆"这一概念为例，在自然概念中，圆不仅不能脱离各种具体的圆的事物，同时也同"圆满"联系在一起。在自然概念框架中，概念与概念之间的联系是通过经验表象来实现的。在这一概念框架下解释圆，人们只能说圆是太阳、月亮、足球等具体事物共同具有的形状，脱离开这些具体事物的感性形象，人们无法对圆是什么加以描述。在以理论为基准的科学概念中，概念的意义摆脱了经验形象的限制。在科学概念中，概念是通过它与其他概念的意义联系获得界定的。如对圆的定义为：平面上到定点的距离等于定长的所有点组成的图形。在这一定义中，圆的含义通过"平面""定点""点""图形"等概念加以刻画。科

---

① 陈嘉映：《哲学 科学 常识》，东方出版社 2007 年版，第 132 页。

学概念脱离了感性经验表象的限制，并在这个基础上，以概念为基石建立起一个首尾一致的符号理论体系。

最后，科学的"经验"同常识的经验具有重大的区别。科学作为人类解释世界的理论体系，其客观必然性源自于它对自然界运动发展规律的有效解释。而科学对自然规律的解释是否客观有效，必然要依赖于"经验"的验证与证实。在常识中我们也会谈及经验，我们把常识看作通过经验的积累而获得的知识。那么科学的"经验"和常识的经验究竟有什么区别呢？毫无疑问，常识的"经验"和科学的"经验"都具有经历、体验之意。从这个意义上说，经验是人们以自身的感觉与客观对象接触所获得的体验。在常识意义的经验上，经验并未受到理性设计的干预，它就是我们自然的、直接的感受和体验。正因为如此，常识意义上的经验不具有针对某一理论的验证作用。科学意义上的经验是人为控制的经验，也就是实验。在科学中，实验的目的在于验证现有理论，在于验证某个理论假设中所确定的两个要素之间的必然性联系是否成立。实验要具有对于理论的证实或证伪的意义，要求在实验过程中必须排除其他要素的影响。这就要求对实验加以严格的设计，也就是说对实验进行干预，以确保它能够在某一理论框架下加以观察，从而获得其证实或证伪的意义。由于在实验中，事件被分解为各种客观条件，并且在严格的人为控制下加以观察和检验。因而，实验比经验具有更广泛更明确的证实意义。物体通过接触进行力的传递并由此引发运动，这是可以通过常识意义上的经验加以验证的。但是牛顿的万有引力定律是无论如何不能以此种方式加以验证，它必须通过实验和理论推导来加以证明。

科学超越了对实用价值的直接追求，从而把揭示客观事物的本质规律作为自己的根本宗旨。以思想揭示客观事物的规律要求科学必须改造常识的经验性的概念框架，使概念克服经验表象的限制。因而，科学创造了不同于常识的经验表象性概念的抽象概念，通过概念与概念思想内容上的关联来揭示客观事物的规律。在使概念摆脱经验表象束缚的基础上，科学理论体系引入形式逻辑，以初始符号、形成规则、定义、公理、推理规则、定理以及各种陈述构成了一个符号系统，该符号系统具有演绎特征，从作为该理论体系基本假设的公理可以推出定理和各种陈述，从而使这一理论体系具有首尾一致的特征。该理论体系的各种具体陈述可以经过实验加以证实或证伪，从而成为可由经验检验的理论体系。

同常识相比较，科学知识是更具有必然性、更为明确可靠的知识体系，科学知识在知识内容上构成了形式逻辑的更为重要的前提。因而，对形式逻辑加以反思，一个不可或缺的内容就是反思作为形式逻辑内容前提的科学知识的可靠性。毫无疑问，科学知识产生于人类的科学活动，它产生于人类特有的把握世界的一种活动方式，这种活动方式就是构成关于世界的思想的活动方式。

三 反思外延逻辑的前提
——科学地把握世界的方式

（一）构成思想——科学把握世界的方式

科学提出假说，科学设计实验并进行观察，以此来对假说进行检验。科学所进行的种种活动都围绕着一个核心进行，这个核心就是构成关于世界的思想，形成对世界的理论解释。"科学是人类的一种活动，是人类运用理论思维能力和理论思维方法探索自然、社会和精神的奥秘，获得关于世界的规律性认识。并用以改造世界、造福人类的活动。科学活动的本质，是实现人类对世界的规律性把握，也就是实现'思维和存在'在规律层次上的统一。"① 构成关于"存在"的思想，进而在理论思维的层面上把握存在的本质与规律，这是科学把握世界的方式与常识的、哲学的把握世界的方式的根本区别。首先，科学地把握世界的方式与常识地把握世界的方式的区别在于：常识的把握方式可以称为一种经验的把握方式，而科学的把握方式则是理论的把握方式。把常识看

---

① 孙正聿：《哲学通论》，辽宁人民出版社1998年版，第92、93页。

作一种经验的把握世界的方式，其根据在于：常识在本质上是以经验的
普遍性把握世界。在通过常识形成的世界图景中，普遍的"共同经验"
起着至关重要的中介作用。"'世界'以经验的普遍性和共同性为内容
而给予经验主体，经验主体又以经验的普遍性和共同性为中介而直观
'世界'的存在。在'世界'、'主体'和'经验'的三者关系中，'经
验'既是构成主体的世界图景的中介，又是'世界'在主体的表象和
思想中的'图景'，因此，经验的普遍性与共同性，是常识的世界图景
的构成中介与实质内容的统一。"① 以经验的普遍性来把握世界的常识
本身具有凝固性、混沌性和非批判性的特征。"常识的世界图景以共同
经验的历史性遗传为中介，而实现其世世代代的延续。因而它在本质上
是一个僵化的、凝固的世界图景，即永远是共同经验的世界图景。"②
此外，在常识的世界图景中，常识的概念缺乏脱离经验直观表象的思维
内容，常识的概念不过是表示经验的名称，它总是围绕经验表象旋转。
因而，常识的世界图景是混沌的而非清晰的、有条理的。同时，由于常
识的混沌性，它不可能成为批判的对象。常识的概念是围绕经验表象旋
转的，离开具体的经验表象，常识的概念就变成了无内容的空壳。批判
的前提是我们必须把所要批判的对象清晰地表达出来，这本身就要求批
判对象必须从经验表象中抽离出来，形成思维中的内容。常识的实质内
容是普遍的经验表象，因而不能成为批判反思的对象。

　　与常识的经验的把握世界的方式不同，科学乃是一种理论的把握世
界的方式。所谓理论的把握世界的方式，就是以概念的思维规定去把握
世界的本质与规律，就是把世界的本质与规律反映在思维中，反映在概
念的思维规定中。就直接意义上来讲，世界的本质与规律是"自在"意
义上的存在，而非"自为"意义上的存在。所谓"自在"意义上的存
在，是指直接意义上的存在，还未自觉到自身的本质的存在。所谓"自
为"意义上的存在，是指自觉到自身本质规定的存在，能够在思维中

---

① 孙正聿：《哲学通论》，辽宁人民出版社 1998 年版，第 92、93 页。
② 孙正聿：《哲学通论》，辽宁人民出版社 1998 年版，第 59 页。

"把握"自身的存在。科学的把握世界的方式,其目的就在于把世界的"自在"的存在转换为思维中的"自为"的存在,以概念的本质揭示事物的本质,以概念思维规定之间的联系揭示事物间的联系,从而以概念理论体系形成对于世界的一以贯之的体系性解释。科学之理论的把握世界的方式的形成在于:科学改造了常识的概念和经验,科学以脱离了感性直观表象的、具有思维规定的内涵式概念取代了常识的围绕感性直观表象旋转的名称式概念,科学以按照一定的理论目的设计的、依靠技术严密控制的实验取代了常识的、直接的、混沌的经验。概念上的改造为科学建立首尾一致的理论体系奠定了基础,是理论的把握世界的方式的前提。理论检验方式上的改造为验证理论的可靠与否提供了技术上的支持。凭借在概念框架与理论检验方式的改造,科学不断编织关于自然世界的概念之网,构成越来越具体的世界图景,也构成了人类认识世界的越来越坚实的"阶梯"和"支撑点",不断深化人类对世界的认识,从而以科学概念体系的方式实现思维与存在在规律层面上的统一。

科学作为人类把握世界的一种方式,与常识的经验的把握世界方式的区别在于它是以理论的方式把握世界。以经验和理论的区分来划分科学与常识是可行的,但是,以此来划分科学与哲学就行不通了。同科学一样,哲学也使用摆脱经验束缚的内涵概念,哲学也以概念为基本单位构成一以贯之的理论体系,也就是说,同科学一样,哲学也是人类理论的把握世界的方式之一。科学和哲学都以理论的方式把握世界,二者的区别何在呢?科学与哲学作为人类以理论的方式把握世界的活动,其根本的区别在于二者的思维指向性不同。科学的思维指向如何形成关于存在的思想,其思想维度是构成思想。科学家提出理论假说,科学家设计实验并进行观察和检验,其目的在于构成关于存在的理论,形成对存在的理论解释。"科学作为人类的一种活动,是以理论思维去抽象、概括、描述和解释思维对象(存在)的运动规律,也就是在理论思维的层面上实现思维与存在的统一。"① 科学活动和科学理论所蕴含的最为根本的

---

① 孙正聿:《哲学通论》,辽宁人民出版社 1998 年版,第 94 页。

问题是如何实现思维与存在在规律层面上的统一。至于"思维能否客观地表述存在""思想的客观性如何检验""概念的运动如何反映客观事物的本质"等问题则是科学不关心的，因为科学已经把思维与存在的统一性当作"理论思维的不自觉的和无条件的前提"。承诺思维与存在的同一性，是人类进行科学活动，构成关于存在的思想的强制性前提。没有这一前提，思想的客观性就无从说起，而通过科学活动所形成的科学理论也就丧失了为人类提供客观的世界图景的意义。与科学的"构成思想"的思维维度不同，哲学的思维维度是"反思思想"。哲学是人类的一种"反思"的思维活动。所谓"反思"，就是以思想自身为对象反过来而思之。在人类把握世界的诸种方式中，人们通过常识、神话、宗教、艺术、伦理和科学等方式形成了对世界的经验的、幻想的、直觉的、体悟的、审美的、逻辑的认识和把握。哲学的"反思"活动，就是以这些通过常识、神话、宗教、艺术、伦理和科学所形成的思想为对象的反思。值得注意的是，哲学的"反思"活动所指向的不是这些具体思想的内容，而是指向其前提，即思维与存在的统一。哲学以人类把握世界的诸种方式及其全部成果作为"反思"的对象，去追问思维与存在统一的根据，去揭示思维与存在之间的更深层的矛盾，从而实现人类思想的逻辑层次的跃迁。

需要注意的是，哲学和科学在思维维度的区分是随着形而上学在孕育了科学，并且在科学脱离了形而上学母体之后形成的。在哲学和科学的童年，二者是统一在一起的。古希腊的形而上学在提供对世界的系统性的解释的基础上同时必须以理性论证的方式提供该解释的客观性依据，也正是在对世界的解释原则的反思的基础上，古希腊的形而上学才得以不断地进步和发展。科学与哲学的分化最终完成于近代，随着近代经验科学及其实证分析技术手段的发展，哲学对世界的猜想性、空想性解释已经为科学的、能够为观察实验验证的解释所彻底取代，哲学被驱逐出了"解释世界"的世袭领地。在实证科学消解了哲学"解释世界"的合法性之后，哲学的思维指向由外观转向内省，由提供关于世界的统一性解释转变为反思思维解释存在的合法性前提。恩格斯指出，"全部哲学,特别是近代哲学的基本问题,是思维和存在的关系问题"①。近代哲学对于哲学基本问题的理论自觉,是同通常人们所说的近代哲学的"认识论转向"紧密相连的。同古代直接断言"存在"的本体论哲学相比较,近代哲学的"认识论转向""自觉到了'思维与存在'之间的矛盾,把'思维与存在的关系'当作最重要、最基本的哲学'问题'来进行研究,从而使研究思维与存在、主观与客观、主体与客体的矛盾关系的'认识论'问题成为哲学的根本问题"。② 近代哲学自觉到了哲学的基本问题,但它是在脱离开人的实践活动及其历史发展来回答思维与存在的关系问题。在这个意义上,马克思哲学的"实践转向"与现代西方哲学的"语言转向"通过揭示作为思维与存在关系的现实基础(人的历史实践活动)以及中介环节(语言)对理解与反思思维与存在关系的重大意义,深化了对哲学基本问题的理解。

(二)反思科学把握世界的方式

在现代社会中,科学的迅猛变革发展使人类的生活状况发生了巨大的变化。越来越具体的科学理论不仅改变了人们的世界图景和思维方式,同时也改变了人们的价值规范和生活方式。正是因为科学在现代社会生活中占有如此重要的地位,才有了德国哲学家恩斯特·卡西尔的科学赞词:"在我们现代世界中,再没有第二种力量可以与科学思想的力量相匹敌,它被看成是人类历史的最后篇章和人的哲学的最重要主题。""正是科学给予我们对一个永恒世界的信念。对于科学,我们可以用阿基米德的话来说:给我一个支点,我就能推动宇宙。""科学的进程导向一种稳定的平衡,导向我们的知觉和思想世界的稳定化和巩固化。"③科学对人类社会进步的贡献如此巨大,科学在现代社会生活中扮演如此重要的角色。这似乎表明,科学超越了常识、宗教、艺术、伦理、哲学

---

① 《马克思恩格斯选集》第四卷,人民出版社 2012 年第三版,第 229 页。
② 孙正聿:《哲学修养十五讲》,北京大学出版社 2004 年版,第 224、225 页。
③ 〔德〕恩斯特·卡西尔:《人论》,上海译文出版社 1985 年版,第 263、264 页。

等其他人类把握世界的方式而成为人类把握世界的唯一客观的方式。需要提出疑问的是，科学作为人类把握世界的方式是客观的吗？科学是否同其他人类把握世界的方式存在着联系，甚至科学在某种意义上需要其他的方式为其奠定基础？

　　首先我们来考察科学把握世界的方式是不是客观的。作为人类把握世界的一种方式，科学的目标在于构成关于世界的思想，形成关于世界的普遍的、统一的解释。对于科学，存在一种常识性的理解。在这种理解中，科学被视为"建立在事实基础上的建筑物"，科学是纯粹"客观的"，科学真理是客观存在着的，问题只在于我们是否以及何时发现它。在这种常识的科学观中隐含着两个最为基本的前提：第一，科学始于"客观"的观察；第二，从归纳推理可以得出普遍原理。常识的科学观把科学理论看成是纯粹客观的根本依据在于，科学是建立在事实基础上的。科学首先通过仔细地观察和实验收集事实形成观察名词或单称命题；然后以归纳推理的方式，把观察名词和单称命题上升为理论名词和全称命题；这种理论名词和全称命题作为关于经验对象和实验对象的普遍原理，经过演绎推理，对相应的经验对象作出理论解释，或对某种未知的经验对象作出理论预见。

　　那么，所谓的"客观的观察"是否"客观"呢？显然不是。日常生活的经验已经无数次地显示，观察是伴随着观察主体的概念理论框架和全部经验背景进行的。一个有经验的农民可以通过观察农作物生长过程中的异常来判断是否有病虫害的发生，一个医生可以通过 X 光片观察到患者的某器官是否存在病变，但是对于一个外行来说，无论是农作物的病虫害还是身体器官的病变都是无法被"观察"到的。把观察视为"客观"的观察，其根源在于把人的认识活动中的"观察"与"理论"割裂，认为先有观察，后有理论。问题在于：现实的人，特别是作为科学活动的主体（科学家），却总是历史文化的存在。作为历史文化的存在，人既承袭特定的历史文化作为自己的文化背景和理论前提，因而处于一种特定的"前理解"中，同时，人也通过自己的历史实践活动改造既定的历史文化现状，从而创造出全新的历史文化，成为自己活动的产物和成果。正如马克思所说，"人的存在是有机生命所经历的前一个过程的结果。只是在这个过程的一定阶段上，人才成为人。但是一旦人已经存在，人，作为人类历史的经常前提，也是人类历史的经常的产物和结果，而人只有作为自己本身的产物和结果才能成为前提"①。人作为历史的"前提"与"结果"的辩证关系表明：科学活动中的"观察"和"理论"之间存在着辩证关系。在人的科学认识活动中，人必须把既定的"理论"作为自己"观察"的背景和前提，观察才能获得意义。同时，通过负载一定"理论"的观察，人又发现和创造新的理论。"观察"与"理论"之间的辩证关系表明："观察渗透理论""观察负载理论""观察被理论'污染'"，"没有中性的观察"。对于"客观"的观察说，黑格尔的"有之非有""存在着的无"可谓鞭辟入里、入木三分。在黑格尔看来，对于一个没有相应概念框架的人来说，经验对象即使存在，对他来说也毫无意义，只能是"有之非有""存在着的无"。

常识的科学观的另一个前提是：通过归纳推理可以得出普遍原理。这一前提是否成立呢？按照形式逻辑对于推理的研究，归纳有三种方法：不完全归纳法、完全归纳法和科学归纳法。不完全归纳法从有限对象的观察或实验中得出一般性的结论，其结论是"或然"的，因而不能形成必然的普遍原理。完全归纳法从对一类对象的逐个观察和实验中得出"一般性"的结论，其结论是"实然"的，虽然它确保了从个别到"一般"的必然性，但是它没有揭示这一必然性联系的根据，只是知其然而不知其所以然。这个"实然"的"一般性"是有很大的局限性的，因为作为科学认识的对象通常不能进行完全的归纳。科学归纳法是从对某类对象的有限观察和实验中形成关于对象及其属性的必然联系的认识，从而得出一般性的结论。通过对不完全归纳法的分析，我们已经知道仅凭有限的观察和实验不能得出一般性的结论。那么科学归纳法是如何实现结论的普遍必然性的呢？这就必须借助科学假说的提出，科学归纳法在观察和实验的基

---

① 《马克思恩格斯全集》第35卷，人民出版社2013年第二版，第350、351页。

础上抽象和概括事物之间的联系，并在此基础上形成一般性的假说。值得注意的是，这个一般性假说的形成并非经验观察和单纯逻辑推理的结果，而是"直觉""顿悟"的结果。由个别观察和实验到一般性原理的过程处于认识过程中由感性认识上升到理性认识的阶段。这一阶段中的上升和过渡是认识过程的一次飞跃，"飞跃"意味着它不能由形式逻辑推理来形成。飞跃的完成依赖于人类理性的直觉创造力，从这个意义上说，科学假说乃至一般性原理的形成依赖于人的先于逻辑的直觉创造力。由此可见，科学理论绝非常识的科学观所理解的与人无关的"客观实在"。

常识的科学观把科学看作与人无关的"客观"真理，其实质是把科学从人类活动中分离出来，把科学同人类把握世界的其他方式割裂开来，从而绝对肯定科学的意义与价值，否认人类其他把握世界方式存在的意义和必要性。对于这种"客观主义"的科学观，美国著名科学哲学家瓦托夫斯基指出，在这种科学观中，"科学就被看成为某种超出人类或高于人类的本质，成为一种自我存在的实体，或者是被当作是一种脱离了它赖以产生和发展的人类状况、需要和利益的母体的'事物'"①。

瓦托夫斯基认为，科学在本质上是一种人类活动，因此必须从"人类状况""人类需要"和"人类利益"去理解全部的科学问题。就科学同常识、宗教、艺术、伦理、哲学并列作为人类把握世界的一种方式来说，科学并不是同人类把握世界的其他方式完全分离的，在科学与常识、宗教、艺术、伦理和哲学之间存在密不可分的联系，在科学中隐含着种种经验的、信仰的、审美的、价值的和本体论的前提。对科学人加赞赏的卡西尔也认为，科学并非独自完成导向人类认识和知觉的稳定化和巩固化这一任务，科学对世界简明的综合统一性解释的寻求的根基必须植根于人类寻求分类的本能以及在此基础上形成的语言。

通过对科学活动的反思我们发现，对世界具有理论解释功能的

① ［美］M. W. 瓦托夫斯基：《科学思想的概念基础——科学哲学导论》，范岱年、吴忠、金吾伦等译。求实出版社1982年版，第29页。

科学并不是与人无关的客观真理，而是人类思维创造活动的成果，在这一成果的创造过程中，人类其他的把握世界的方式也参与其中，构成了科学的或隐或显的前提。不过，科学作为人类"构成思想"的把握世界的方式，其最根本的前提是思维与存在的同一性，这一前提从根本上决定科学活动的合法性与价值。

四　反思外延逻辑的前提
——思维与存在的同一性

科学作为人类"构成思想"的把握世界的方式，与常识、宗教、艺术、伦理、哲学存在着密切的联系，在科学的活动中隐藏着种种常识的、信仰的、审美的、价值的、本体论的前提。在这些前提中，关于思维与存在具有同一性的本体论承诺是最为根本的前提，这一前提是否成立，决定着科学所构建的关于存在的思想体系是否具有客观性，是否能够成为人类历史实践活动的有效的理论武器。

（一）思维与存在的同一性——科学的前提

科学作为人类的一种活动方式，其目标在于获得关于世界的普遍有效的、系统的解释。围绕这一目标，科学家设计实验、进行观察、提出假说、构建解释世界的理论体系，并且通过"经验"对理论体系进行检验和修正。在科学活动的过程中，科学家所关心的是如何形成关于世界的理论解释，至于他们所形成的理论怎样以及为什么构成对世界的客观解释，则不属于他们科学研究的范围，这是科学活动的不自觉和无条件的前提。

在具有一般性的科学理论的形成过程中，仅仅依靠经验观察和形式逻辑是不足以形成具有普遍性理论的。其原因在于，在思想内容上，一般性的科学理论假说已经超出了它的经验前提的范围，它不能由形式逻辑从其经验前提中推导出来。一般性科学理论假说的产生必然要依靠人的思维的能动性（主要是理智直觉）的参与才能形成。在由经验观察上升到一般科学理论的过程中，思维的主观能动性的作用在于通过直觉的创造作用，由个别的经验事实上升到具有普遍性的原理，从而为科学提供具有普遍必然性的假说。

顾名思义，直觉就是直接觉知。"直觉的实质是思维能动性按其固有的规律直接呈现对象并且直观理解对象的过程。"① 它相对于间接推理的知识，这也就是说，直觉就是直接显现并且被直接理解的东西，它不需要认识和推理的中介环节，而是直接获得的领悟或胡塞尔所说的'内在的自明性'。② "直觉必定是呈现和觉解、表象力和理解力的直接同一。也就是由心理机能表象和显现的现象、符号或意象直接获得意义的规定，直接在自我意识中获得明白清楚地确信。"③ 作为直接呈现与直接觉解的同一，直觉必然包括感性直觉和理智直觉两个阶段。感性直觉使我们获得关于对象的直观表象的能力，而理智直觉则使人获得以概念统摄直观表象，作出理性判断的能力。在经验观察中，直觉是对象同我们心理映像之间的中介环节，处于直觉的感性直觉阶段；在理性认识形成的过程中，直觉是由心理映像（表象）过渡到具有普遍性的概念以及命题的中介环节，处于直觉的理智直觉阶段。科学研究活动中理论假说的形成属于理性认识的形成过程，在这一过程中理智直觉的作用在于：通过对感性经验的直观，按照思维自身固有的规律直接揭示出事物之间的普遍必然联系。直觉在科学研究活动中的作用表明，从客观的认识对象到科学的理论之间并非通过常识的科学观所主张的直接"反映"形成的，而是通过"直觉"按照思维固有的规律创造出来的。

"直觉"的能动创造作用表明，科学理论是思维按照其固有规律创造出来的。科学把思维按照其固有活动规律创造出来的理论假说视为客观事物的固有活动规律，在实质上是承诺了思维与存在的同一，承诺了思维活动的规律与存在活动的规律是同一个规律。思维和存在的同一性

① 孙利天：《论辩证法的思维方式》，吉林大学出版社 1994 年版，第 103 页。
② 参见孙利天《论辩证法的思维方式》，吉林大学出版社 1994 年版，第 97、98 页。
③ 孙利天：《论辩证法的思维方式》，吉林大学出版社 1994 年版，第 98 页。

作为科学的前提，是由科学作为"构成思想"这一人类把握世界方式的本质特征所决定的。科学要把握世界，提供关于世界的理论解释，这本身就表明科学是通过理论思维把握世界，把感性的对象世界变为理性的、思维中的世界。科学活动的这一要求本身就承诺了思维与存在具有同一性，存在运动的规律可以通过思维运动的规律加以揭示。没有思存的同一性，以理论的方式把握世界这一要求的合法性基础就被取消了，科学活动也就不可能了。

作为以理论的方式把握世界的科学的不自觉的前提，思维与存在的关系不能由科学自身加以反思批判。科学的思维维度是"构成思想"，是在承诺思维规律与存在规律服从于同一规律的前提下实现二者的具体的同一。对于思维与存在关系的反思，只能由以"反思思想"为宗旨的哲学来进行。哲学作为人类把握世界的另外一种理论方式，其根本任务就是揭示思维与存在之间的矛盾，从而考察思维与存在同一的可能性基础，从而在最根本的层次上为理论思维奠定前提和基础。

（二）反思思维与存在的同一性

恩格斯曾经指出，"全部哲学问题，特别是近代哲学的基本问题，是思维和存在的关系问题"①。"这个问题，只是在欧洲人从基督教中世纪的长期冬眠中觉醒之后，才被十分清楚地提了出来，才获得了它的完全的意义。"② 哲学基本问题在近代哲学中才明确地成为哲学的基本问题，其原因在于，"近代哲学的出发点，是古代哲学最后所达到的那个原则，即现实自我意识立场；总之，它是以呈现在自己面前的精神为原则的。中世纪的观点认为思想中的东西与实存的宇宙有差异，近代哲学则把这个差异发展为对立，并且以消除这一对立作为自己的任务"③。围绕消除思维与存在的对立，近代哲学实现了哲学史发展中的"认识论

① 《马克思恩格斯选集》第四卷，人民出版社 2012 年第三版，第 229 页。
② 《马克思恩格斯选集》第四卷，人民出版社 2012 年第三版，第 230 页。
③ [德] 黑格尔：《哲学史讲演录》第四卷，贺麟、王太庆译，商务印书馆 1978 年版，第 5 页。

转向"，把研究思维与存在、主观与客观、主体与客体的矛盾关系的"认识论"确立为哲学研究的主题。在对这一哲学主题的研究中，形成了两个在原则上截然相反，但在对"认识何以可能"的解释过程中却能形成互补的哲学派别：经验派和唯理派。经验派认为，一切认识内容必然来源于感觉经验，因而应当把经验确立为知识的原则；唯理派认为，认识作为对对象的思维的把握，其必然性的形式只能由理性提供，这一形式必然是先于经验而存在于人的理性之中的，因而应当以天赋的理性观念作为知识的原则。以感觉经验和天赋的理性观念出发，经验派和唯理派力图推导出客观必然性的知识，从而消除思维与存在的对立，实现二者的统一。

近代哲学开端于笛卡尔，"因为近代哲学是以思维为原则的"。通过普遍的怀疑，笛卡尔把思维确立为原则并试图以此为基础建立起整个形而上学的大厦。在对认识论问题的解决上，他首先确立了"天赋观念"作为理性主义的认识原则。笛卡尔最为著名的命题是"我思故我在"，通过这一命题他把思维确立为直接性，即"纯粹的自身联系、自身同一"。但是笛卡尔并未由此而设定思维与存在的同一，因为广延并未包含在思维对自己的直接确定性之内，"灵魂可以没有形体，形体也可以没有灵魂；它们实际上是不同的，是可以分别加以思维的"[①]。

笛卡尔通过思维原则所确立的不是思维与存在的同一，而是思维与存在的分离，思维与存在需要借助"上帝"的完满观念才能实现统一。然而，这个统一不是从思维这一原则本身推出来的，因而只能是非哲学方式的统一。思维与存在的统一只能借助"上帝"来实现，因而，对存在的认识只能来自"上帝"启示给我们的观念，这一观念不可能是经验的，只能是先天赋予我们的。在笛卡尔的哲学体系中，思维与存在是分离的、对立的，其统一需要作为第三者的"上帝"。斯宾诺莎在笛卡尔体系的基础上努力实现思维与存在的联合，他不再把"上帝""神"看

---

① 转引自［德］黑格尔《哲学史讲演录》第四卷，贺麟、王太庆译，商务印书馆1978年版，第76页。

作一个第三者，而是思维与存在的统一性本体。"神"是唯一的实体，思维和存在是"神"的两种属性。这样，斯宾诺莎就以一元论取代了笛卡尔的二元论。在认识论问题上，斯宾诺莎承袭了笛卡尔的理性主义原则，他把知识分为三种，分别为感性的知识、推论的知识和"直观知识"。在三种知识中，直接知识最具有普遍必然性，它是理性直接认识到事物的本性或本质的知识，它是清楚明晰的观念。因此，在认识方法上，他强调从作为"直观知识"的"真观念"出发达到普遍必然性的认识，这实质上是笛卡尔"天赋观念"的变形。莱布尼兹坚持了理性主义的认识论，但他同时也强调经验感觉在知识形成中的作用。莱布尼兹认为，真理的观念作为禀赋、倾向和潜能存在于人的心中，在经验的触发下，这一潜在的知识原则就可以实现为现实的知识。莱布尼兹的认识论是一种温和的唯理派认识论，它实际上已经开始承认感性经验在认识形成中的作用，只不过还没有从原则上把它确立下来。

从认识论上解决思维与存在关系问题的另一途径是经验主义原则的贯彻。在培根那里，经验已经被确立为知识的开端，洛克则试图从经验推出知识。洛克认为我们的一切知识都是建立在经验上的，"感觉"和"反省"构成了我们知识的两个来源。感觉的作用在于通过事物的作用在我们心中形成观念，"反省"的作用在于整理通过"感觉"形成的观念从而形成知识。洛克虽然确立了经验作为知识的原则，但他并没有彻底贯彻它。对于"观念"的反省和整理都必须通过思维来进行，从这个意义上说，没有理性所提供的思维形式，"反省"就不能顺利进行，认识就无法形成。从这个意义上说，经验原则的确立，潜藏着不可知论的后果。因为经验原则的彻底贯彻必然要取消思维的一切主观能动因素，最终我们所能得到的只是杂乱无章的经验之流。贝克莱哲学进一步贯彻经验论原则，从而提出了"存在即被感知"这一命题。在贝克莱看来，彻底地贯彻经验的原则，意味着不能断定经验外的任何存在，因此，在经验感知之外没有任何存在。贝克莱的这一命题还没有最彻底地贯彻经验论原则，因为虽然我们不能超出经验去断定事物存在，但我们也不能超出经验断定事物不存在。最为彻底贯彻经验论原则的是休谟，在把经验确立为第一原则的基础上，他对"实体""因果性"等范畴进行了批判。休谟认为，把"实体"看作感觉的来源是一种"自然本能的偏见"，依据经验原则，在经验之外是否有"实体"存在应当诉诸经验，然而经验却在这里"沉默"了。休谟也否认通过经验能够得出必然的因果联系，在他看来，在经验中我们只是观察到各种现象的前后相继发生，但是，通过这一经验观察并不能在现象之间确立因果联系，即使是多次重复观察到相同的现象也不足以确立因果联系，多次重复的经验并不能确定以后的经验不会出现变化，因此，从经验中不能推论出因果关系，因果关系是人们的习惯性心理联想的作用。休谟以经验作为原则，消解了客观性"实体"的存在根据，同时也消解了因果必然性的依据，走向了不可知论。近代哲学的经验派和唯理派力图确立思维与存在的统一，但他们所获得的结果却是二者的分离。唯理论试图以理性为原则推出客观知识，实现思维与存在的统一。但由于他们只能回答知识形式的普遍必然性问题，无法回答知识内容的来源，因此在对知识形成的解释中必然掺杂进经验的解释因素。经验论把经验作为知识内容的来源，但却无法解释具有普遍必然性的知识是如何形成的，因而彻底贯彻经验论原则最终走向了不可知论。

综合唯理派和经验派对知识形式和知识内容来源的考察，自康德开始的德国古典哲学不仅从形式上考察知识的普遍必然性，同时从内容上考察知识内容的客观性，从而在原则上把形式和内容统一起来，把思维和存在统一起来，以形式和内容统一的内涵逻辑确立思维与存在的统一，从而为真理性的认识奠定了逻辑基础。

第二章　"理性论"内涵逻辑

——德国古典哲学的辩证法

　　近代哲学的基本问题是认识论，即具有客观必然性的认识何以可能的问题。围绕这一问题，经验派和唯理派分别侧重于从认识内容和认识形式两个方面提供认识的客观性根据。经验派确定认识内容应当来自客观对象，而人的经验感觉是人与经验对象最紧密的联系方式，因而经验派把经验作为解释认识客观性的根本原则，力图从经验中推导出客观知识来。但是，经验虽然能赋予认识以"客观"的内容，却不能赋予它们普遍必然性的形式，因而无法以此推论出具有必然性的客观知识，最终不可避免地走向了不可知论。唯理派意识到感性经验不能给认识带来普遍必然性的形式，因而把先天的理性原则（天赋观念）作为认识的根本原则。但是，唯理论的认识原则根本无法贯彻，因为如果现成的真理就存在于人的理性中，就不需要什么认识过程；如果天赋观念只是给认识提供纯形式，那就必须有理性的"他者"提供认识内容。经验派和唯理派把经验原则和理性原则对立起来，各执一端，就是片面地或者强调知识的感性内容来源的重要性，或者强调知识的理性形式的重要性，从而把认识的内容和形式对立起来，因而也无法为客观知识存在的必然性提供有说服力的论证。

　　近代经验论和唯理论确立了思维与存在的对立与分离，从而也确立了思维形式与思维内容的分离，在此基础上，无论从思维形式出发还是从思维内容出发都无法实现二者的统一，因而也无法为客观必然性知识奠定基础。自康德以来的德国古典哲学洞察到了近代哲学的这一缺点，德国古典哲学力图从形式与内容相统一的原则出发来论证客观知识的根据。在形式与内容统一的原则下,形式就不是脱离思维内容的空洞的形式,而是内容自发的形式,形式通过内容的自我发展而获得客观必然性。作为与内容紧密联系的形式,知识的逻辑就不再是僵死的、无发展运动的外延逻辑,而必然是思想内容不断丰富发展自身的规定的内涵逻辑,而这种内涵逻辑的具体表现形式,就是思维内容通过自身的运动实现内容与形式统一的辩证法。康德、费希特、谢林和黑格尔分别以自己的原则阐释了思维内容通过运动而达到内容与形式统一的辩证过程,因而构建出了不同形态的辩证法,这些不同形态的辩证法的发展历程,也就是内涵逻辑的形成和发展历程。德国古典哲学的内涵逻辑最终在黑格尔的概念辩证法中实现了以概念的内涵发展揭示客观认识的发展过程,达到了顶峰。

德国古典哲学的思维内容与思维形式相统一的认识论原则,是人类的高级认识能力,即理性。这个理性原则在康德和费希特那里表现为作为意识先验统一性根据的"自我";在谢林那里是绝对的"同一";在黑格尔那里是实体——主体。康德、费希特、谢林和黑格尔分别从上述原则出发,论证了客观知识形成的辩证过程,通过不同的辩证法体系构建了不同形态的理性论的内涵逻辑。

一 康德的内涵逻辑与想象力"辩证法"

近代哲学在休谟的怀疑论中走到了尽头,休谟彻底地贯彻经验论原则,通过否认从感性经验可以推出"外界存在"的"因果关系",从而彻底取消了客观知识的可能性。总结近代哲学解决知识论问题的途径,康德指出,"向来人们都认为,我们的一切知识都必须依照对象;但是在这个假定下,想要通过概念先天地构成有关这些对象的东西以扩展我们的知识的一切尝试,都失败了"①。

---

① [德]康德:《纯粹理性批判》,邓晓芒译,人民出版社2004年版,"序言"第15页。

由此，康德提出了通过假定对象依照知识来完成形而上学任务的途径，"因此我们不妨试试，当我们假定对象必须依照我们的知识时，我们在形而上学的任务中是否会有更好的进展。这一假定也许将更好地与所要求的可能性、即对对象的先天知识的可能性相一致，这种知识应当在对象被给予我们之前就对对象有所断定"①。康德的这种基础假定上的转变就是所谓的认识论的"哥白尼革命"。按照这一认识论的新路径，由对象应当依照知识可以推出：（1）"对象必须依照我们直观能力的性状"；（2）一切对象必须依照我们的先天概念且必须与它们相一致。按照这两条原则，认识的内容和认识的形式都需要人的主观活动的参与。认识的内容虽然从根源上来讲出自"物自体"，但它要成为我们认识的对象必须经过我们的先天的感性直观形式进行整理，因此，认识的对象（现象）从本质上说是与人的感性直观能力相符合的。认识的形式来自知性固有的先验范畴，知性的范畴是知性的判断机能的普遍的表达方式，而知性的判断机能是赋予直观中各种不同表象以统一性的能力，因而，先验范畴构成了认识的普遍必然性形式。通过论证知性对感性直觉的综合统一作用以及知性范畴在感性经验上应用的必然性，康德确立了认识的必然性依据。康德在认识论上的"哥白尼革命"确立了认识的主体性原则，即以自我意识的统一性作为全部知识的基础，通过知性的判断机能实现对经过先天直观形式整理的现象的普遍必然性的认识。康德确立了"自我"作为认识的根本原则，从而也把如何从这个"自我"中推演出客观的认识作为首要任务。这个任务具体体现在康德的认识论体系中，就是知性的先天范畴如何能必然地统摄现象并且有效地应用于现象，从而提供关于现象的普遍必然性认识，这也就是康德的所谓先验逻辑的任务。

康德以先验逻辑称谓自己的认识论的根据在于，其认识论所考察的是知识的客观必然性问题，而客观必然性是逻辑的研究范围。但是，传

---

① ［德］康德：《纯粹理性批判》，邓晓芒译，人民出版社 2004 年版，"序言"第 15 页。

统的形式逻辑不能完成考察知性范畴对现象的必然有效应用,这一方面因为,传统的形式逻辑抛开思维内容,仅仅考察思维形式的必然性,因而尽管它在审查理性思维的形式必然性上具有效用,但在考察理性思维内容的必然性方面就无能为力了。另一方面,由于形式逻辑"无区别地既和经验性的知识、又和纯粹理性知识发生关系",因而它就无法考察理性知识的先天必然性依据。与形式逻辑不同,康德的先验逻辑既要考察思维形式的客观必然性,又要考察思维内容的必然性,先验逻辑的任务在于揭示思维内容与思维形式先天统一的必然性基础和进程。这样康德的先验逻辑就不是仅仅局限于理性思维形式的外延逻辑,而是思维内容与思维形式相统一的内涵逻辑。正是由于思维内容与思维形式的必然性统一成了先验逻辑的研究对象,因而在康德这里,认识论与逻辑学合流了。作为与认识论相统一的内涵逻辑,康德的先验逻辑的核心任务是揭示具有普遍必然性的认识何以可能,按照康德的认识路线就是知性通过概念范畴综合感性直观材料的普遍必然性。依照康德的对象依照知识的认识路线,认识得以可能的两个前提是:(1)认识的对象是"我"的对象,是经过我的感性直观形式塑造的"属人"的对象;(2)我的知性能够通过范畴统摄"我"的对象,并且知性对"我"的感性直观材料的统摄具有先天的必然性。康德的"先验感性论"讨论的是认识的感性基础,即人的先天的感性直观形式。只有通过"空间"的外感官先天形式和"时间"的内感官形式,"物自体"才能对人显现为"现象",知性才能获得自身的认识对象。以研究对象为参照,先验感性论讨论的只是认识得以可能的感性基础,在这里还不涉及具体的知识如何从"自我"中推演出来的问题,因而,先验感性论似乎与知识如何产生的内涵逻辑无关。但是,由于康德以"自我"作为全部知识的基础,因此,知识的对象以及知识的形式都应当由"自我"产生出来。因而,说明由"自我"如何推演出先验的直观感性形式也应当是康德知识论(进而也是其先验逻辑)的重要内容,只不过康德没有在自己的先验逻辑中详细论证这一点而已。

康德把理性"自我"作为认识得以可能的支点,其直观具有接受外来刺激形成作为认识对象的现象之机能，其知性具有通过范畴统摄现象并以判断的形式揭示现象之间的本质联系的机能。按照康德的认识路线以及他对直观以及知性的机能的判断，直观和知性是源自"自我"并从中发展出来的理性的两种能力，二者虽然在机能上截然不同，但都出自同一个理性的"自我"。因此，从理性"自我"中如何发展出直观和知性这两种机能，并且使这两种机能获得必然的统一性，这是康德的以"自我"为核心的认识路线的核心问题。从"自我"中推演出直观和知性两种截然不同的机能并使二者实现必然的统一，只能依靠对理性"自我"的辩证运动的揭示来完成。但是，由于康德本人对于辩证法的消极的、否定的看法，他不可能把具有辩证运动特性的理性视为知识的基础，这也决定了他既不能从理论上论证直观的先天形式的由来，也不能说明为何知性恰恰具有四种判断机能。基于以上理解，康德的做法是：分别论述感性直观的先天直观形式和知性的逻辑判断机能，在此基础上通过其先验想象力学说论证知性范畴的逻辑判断机能应用于现象的先验有效性。

（一）先验感性论——关于认识内容的主观形式

依照康德的观念，知识总是关于对象的知识，而"一种知识不论以何种方式和通过什么手段与对象发生关系，它借以和对象发生直接关系、并且一切思维作为手段以之为目的的，还是直观"①。因而，探讨直观获得对象的方式，必然成为知识论的前提。也正是在这个意义上，康德才要求，如果"对象必须依照我们的知识"，那么"对象必须依照我们直观能力的性状"。我们通过直观来获取对象，但直观只是在对象被给予我们时通过对象以某种方式刺激我们内心时产生的。康德把我们被对象所刺激的方式来获得表象的这种能力称为感性，按照他的哥白尼革命的认识论原则，我们的感性必然在接受对象刺激之前先行有了对刺激的接受形式，也就是说，这些接受形式是先于我们的感性经验而存在

---

① ［德］康德：《纯粹理性批判》，邓晓芒译，人民出版社 2004 年版，第 25 页。

于我们自身的，因此，考察这些我们接受对象刺激的先天的直观形式，就是一门揭示有关感性的一切先天原则的科学，康德称这门科学为先验感性论。康德认为，作为先天知识的原则，人有空间和时间两种感性直观的纯形式。"借助于外感官，我们把对象表象为在我们之外、并全部都在空间之中的。"① 与空间作为外感官的直观纯形式不同，时间是内感官的直观纯形式，"内感官则是内心借以直观自身或它的内部状态的，它虽然并不提供对灵魂本身作为一个客体的任何直观，但这毕竟是一个确定的形式，只有在这形式下对灵魂的内部状态的直观才有可能，以至于一切属于内部规定的东西都在时间的关系之中被表象出来"②。作为人的感性直观的纯形式，空间和时间概念的要义究竟为何？对此，康德作了所谓的"形而上学的"阐明。第一，空间和时间不是从外部经验或内部经验中得来的经验的概念。与此恰好相反，如果我们能够把感觉表象为空间上的相互并列以及时间上的前后相继，那是因为我们首先就有空间和时间的直观形式作为基础。由此可见，空间概念和时间概念都不是依赖于经验的，它们是先于经验的，是先天的。第二，空间是一切外部直观之基础的必然的先天表象，时间是一切直观之基础的必然的先天表象。空间不存在，则我们无法形成关于外部经验的表象；时间不存在，则我们无法形成任何经验的表象。因为虽然我们可以设想一个没有任何现象的空间和时间，但却无法设想一个没有空间和时间的现象。第三，空间和时间不是推论性的、普遍性的概念，而是纯直观。我们所谈到的许多的空间只是同一个独一无二的空间的不同部分，我们所说的不同的时间只是同一个时间的不同部分，它们都不能先行于作为纯直观形式的空间和时间。空间和时间是整体先于部分、单一先于杂多的纯直观，它既不能从事物的关系中推导出来，也不能从经验事物概括而得来。第四，空间和时间的无限性不同于概念的无限性。概念的无限性在于它所包摄的经验事物是无限多的，而它本身仍然是有限的。空间和时

---

① ［德］康德：《纯粹理性批判》，邓晓芒译，人民出版社 2004 年版，第 27 页。
② ［德］康德：《纯粹理性批判》，邓晓芒译，人民出版社 2004 年版，第 27 页。

间本身就是无限的表象，一切经验事物的空间和时间都由于对着唯一无限的空间和时间加以限制才有可能。

通过对空间和时间的"形而上学的"阐明，康德力图揭示：空间和时间并非自在之物的规定，只是人类感性的主观条件，只有从人的立场出发才有所谓的时间和空间概念。空间是人的外感官的纯形式，时间是人的内感官的纯形式，自在之物对我们的刺激经过空间和时间的整理，便形成了现象。但是，这个现象并不就是自在之物本身，它只是我们通过空间和时间的纯形式所把握到的"现象"，至于自在之物的本质究竟是什么，我们对此一无所知。

通过先验感性论，康德阐明了认识内容的主观特性：认识的对象并非像人们通常所理解的所谓"客观"的存在，而是依靠人的先天的主观感受形式产生的现象，尽管这一现象的产生还需要自在之物的刺激，但人的主观感受形式对现象的创造性的作用使得它不能反映自在之物的本质。这样，康德就完成了其认识论哥白尼革命的第一步，即对象围绕我们的直观的形状形成属于"我"的现象，这个现象就是我的认识的全部对象。这个认识对象的确定勾画了康德认识论的基本轮廓，认识的对象是经由人的先天直观形式整理所形成的现象，认识应当针对这个现象并且以现象为基础，一旦认识跳出了这个范围，就会产生正负命题同时成立的二律背反。

（二）先验范畴论——理性主体的认识形式

康德的先验感性论为以"自我"为中心的认识的完成奠定了一个基础，即获得一个符合自身认识能力的对象的基础。但是，仅仅获得认识对象距离形成真正的认识还很远，认识的形成不能单纯地依靠感性。因为，感性的作用在于接受性，在于获得对象，因而，依靠感性无法形成具有普遍性的、清晰的认识。与感性的接受性的作用不同，知性具有对感性直观对象进行思维的机能，也就是说，只有借助知性，我们才能对感性直观对象进行普遍的、清晰的把握，才能获得清晰的认识。因而，在完成了揭示形成现象的先验感性论之后，揭示知性的思维认识机能的先验范畴论自然而然地成为接下来必然要完成的任务。

在康德看来，知性是一种非感性的认识能力，进一步说是借助于概念的认识方式，是一种推论性的认识方式。知性是借助概念的认识方式，概念建立在机能的基础之上，而机能是指把各种不同的表象在一个共同表象之下加以整理的行动的统一性，这种行动的统一性就是判断。因此，"我们能够把知性的一切行动归结为判断，以至于知性一般来说可以表现为一种作判断的能力"①。对于知性的机能的考察，就是考察知性的判断能力，把知性在判断中的统一性机能完备地揭示出来。

康德首先就判断进行了考察，就判断中主词对谓词的关系而言，要么是谓词从属于主词，要么是谓词完全外在于主词。前一种判断可称为分析判断，其中谓词与主词的联结是通过同一性来思考的，因而这种判断根本未给我们的知识提供任何新的内容。后一种判断则在主词概念上增加了一个谓词，这个谓词概念是在主词概念中完全没有想到过的，因而在这个判断中形成了新的认识。不言而喻，知性的作用在于通过自身的机能形成综合判断。那么，知性究竟具有哪些判断机能呢？康德认为，自亚里士多德以来的形式逻辑对逻辑形式进行了大体上的分类，也为我们探索知性的判断机能提供了线索。以传统的形式逻辑对于判断的研究为加工原料，康德总结出了知性的全部四个种类的判断机能，即判断的量、判断的质、判断的关系和判断的模态。判断的量只关心主词的外延，而不关心其经验内容。主项分别为普遍概念、特殊概念和个别概念，因而，判断的量可以分为全称判断、特称判断和单称判断三种。判断的质只考察谓项如何表象主项，可分为肯定判断、否定判断和无限判断三种。判断的关系考察思维在判断中的一切关系，它们分别为谓词对主词的关系、根据对结果的关系以及被划分的知识和这一划分的全部环节相互之间的关系。"在第一类判断中只考察两个概念，在第二类判断中考察两个判断，在第三类判断中考察相互关联着的好几个判断。"②

---

① ［德］康德：《纯粹理性批判》，邓晓芒译，人民出版社2004年版，第63页。
② ［德］康德：《纯粹理性批判》，邓晓芒译，人民出版社2004年版，第66页。

判断的模态只考察系词在与一般思维相关时所取的值。或然判断是把肯定或否定都作为可能的来接受的判断，实然判断是肯定的或否定的都被看作现实的（真实的）来接受的判断，必然判断则把肯定的或否定的视为必然。

知性的判断机能源于知性的综合的行动，通过这种行动，知性才能将感性直观所呈现的杂多以某种方式贯通、接受和结合起来，以便从中构成知识。康德所说的知性的综合行动并非一般的综合，而是一种纯粹的综合。纯粹综合所面对的杂多不是经验性地，而是先天地被给予的，"在我们对表象进行任何分析之前，这些表象必须先已被给予了，并且任何概念按内容来说都不可能由分析产生"①。知性以概念来表达这种综合，就构成了纯粹的知性概念。知性之所以能够赋予一个判断中各种不同表象以统一性，在于知性本身赋予直观中各种不同表象的单纯综合以统一性，"这种统一性用普遍的方式来表达，就叫做纯粹知性概念"②。纯粹知性概念作为知性纯粹综合行动的普遍表达方式，同时也就成为一切知识得以形成的先天的形式基础。

这种一切知识得以形成的先天的形式基础究竟有哪些呢？康德指出，先天地指向一般直观对象的纯粹知性概念恰好如知性的逻辑判断机能的表所列出的逻辑判断机能那么多。其原因在于，知性已经为该表所罗列出的那些机能所穷尽了，因而知性的先天的形式能力也就得到了全面的测算。因此，对应于知性的判断的量、判断的质、判断的关系和判断的模态之机能，纯粹知性概念（范畴）包括量的范畴、质的范畴、关系的范畴和模态的范畴，在量的范畴下包括单一性、多数性和全体性概念；在质的范畴下包括实在性、否定性和限制性概念；在关系的范畴下包括自存性与依存性、原因性与从属性、协同性概念；在模态的范畴下包括可能性与不可能性、存有与非有、必然性与偶然性概念。康德认为，这些概念就是知性先天地包含于自身的一切本原的纯粹综合概念，

---

① ［德］康德：《纯粹理性批判》，邓晓芒译，人民出版社2004年版，第70页。
② ［德］康德：《纯粹理性批判》，邓晓芒译，人民出版社2004年版，第71页。

它只有通过这些概念才能在直观杂多上理解某物，才能思维直观的客体。

作为一切知识得以形成的先天的形式条件，康德的范畴论同传统的范畴论存在着重要的区别，他是在对传统的范畴论进行改造的基础上形成自己的范畴论的。康德认为，亚里士多德在寻找基本概念的过程中没有依据任何原则，他只是把所碰到的概念"捡拾"起来，添加到范畴表之中去。这样做的后果是，其范畴表始终是不完备的，同时一些非先天纯粹的范畴夹杂于其中。康德认为，知性的先天形式机能并没有在亚里士多德的范畴论中得到完备地、系统地揭示。因而，康德以先天综合为根本原则，对亚里士多德的范畴论进行了改造。依据知性在判断形成过程中综合判断机能的不同，康德把知性范畴分为四个门类，依据所针对直观对象的不同，他把这四个门类的知性范畴分为两个部门，"其中第一个部门是针对直观的对象的，第二个部门则是针对这些对象的实存的"①。康德称第一部门的范畴为数学性范畴，包括量的范畴和质的范畴，第二部门的范畴为力学性的范畴，包括关系的范畴和模态的范畴。此外，康德还依据知性综合行动的不同把传统范畴论的二分法改为三分法，即每一门类的范畴数不是两个，而是三个，其中第三个范畴是第一、第二个范畴结合起来产生的，由于这一结合过程需要知性的一种特殊的行动，因而它应当在范畴表中占据一个位置。这样，通过对传统范畴论的改造，康德就以概念范畴表的形式把知性的先天形式机能揭示为一个有序的系统，从而也就阐明了知识形成的形式构架。

康德的先验范畴论的一个根本的要点是：先验的知性范畴作为整理和统摄经验现象的先天形式，其作用就在于对直观所赋予它的表象予以综合统一。换言之，知性范畴的综合作用是针对感性直观对象的综合作用，离开了直观对象，知性范畴就失去了它的先验的必然性。康德的范畴论的这一特征，与他的感性论乃至于它所确立的认识对象围绕"自我"的认识论原则是一以贯之的。认识对象围绕"自我"旋转，则认

---

① ［德］康德：《纯粹理性批判》，邓晓芒译，人民出版社2004年版，第75页。

识的感性对象必须是"为我"的感性对象。此外，整理和统摄此"为我"的感性对象的知识的先天形式必须也是"我"的，其作用必须恰恰在于对"为我"的感性直观对象的先验综合，否则，所谓的认识对象依照我们的认识能力的认识路线将无法贯彻下去。

知性不直观，知性范畴只有在先天直观形式提供感性对象的前提下才能发挥其对直观对象的综合作用形成知识。知性范畴对感性直观的固有综合作用决定，一旦知性范畴脱离了感性直观对象力求认识超越人的主观感性条件的"物自体"，就会陷入正题与反题同时成立的二律背反。也就是说，知性范畴是有固定的效用范围的，这个效用范围就是人的现象世界。那么，知性范畴对于现象世界的固有效用是如何形成的，它的必然性依据在哪里呢？因为依据康德对于感性和知性的看法，感性不思维，知性不直观，具有思维机能的知性如何有权利将它的法则颁布给感性直观对象？知性如何把它的法则颁布给感性直观对象呢？为了解答知性范畴如何同感性直观对象有效联结的问题，康德提出了先验想象力学说。

（三）先验想象力学说——认识内容与形式的中介

在解决知性范畴与感性直观如何能够有效联结之前，康德通过知性范畴的演绎论证了范畴有与感性直观对象发生必然性关联的权利。也就是说，在阐释知性范畴如何同感性直观进行有效联结之前，康德要回答知性范畴能够运用于感性直观对象的先天必然性以及通过这个必然性可以引出的结论。

康德对于知性范畴的先验演绎在第一版和第二版中是有差别的，在第一版中，先验演绎从两个方面进行，其中"主观演绎"是通过自下而上的方式从知识发生的过程探寻知识所需的主观先天条件；客观演绎是自上而下地从知性的最高统一性（"统觉的本源的综合统一性"）出发推演出范畴在运用于一切经验对象时的普遍必然性。从康德的认识论原则出发，自上而下的客观演绎才是合适的演绎方式。因为康德把认识何以可能的基础奠定在"自我"之上，只有从这个自我为出发点推演出知性范畴应用于经验对象的必然性，这个建立在人的先天认识能力基础上的认识论才具有普遍必然性，才称得上是揭示思维内容与思维形式统一运动的内涵逻辑。也许正因为这一原因，康德在第二版中删除了主观演绎部分，力图通过自上而下的方式论证知性范畴运用于经验对象的先天必然性。不过，第一版中的主观演绎并不就是多余的，相反它是至关重要的。因为，客观演绎虽然可以从自我意识的先天统一性原则出发推演出经验对象必然服从于知性通过范畴所颁布给它的法则，但由于知性和感性直观在认知机能上的差别而不能直接地联结在一起，二者之间需要主体的另外一种能力（想象力）作为中介环节才能贯通。第一版的主观演绎部分详尽地阐述了从接受性的感性直观杂多上升到自发性的知性范畴综合表象所需要的主观先天条件，即介于感性和知性之间的想象力的三重综合作用，从而解决了知性范畴如何把法则颁布给经验对象的问题，实现了从知性范畴到感性对象的贯通一致。本文关于知性范畴演绎部分的论述，依照康德以"自我"为知识地基的认识原则，采取第二版的自上而下的方式来进行，涉及想象力部分的论述则综合第一、第二版的内容来进行。

在先验感性论部分，康德对空间和时间概念进行了先验演绎。相比较而言，对知性范畴的先验演绎难度更大。因为，空间和时间作为感性直观的纯形式，感性直观对象要与它们相符合是"明白无误"的，否则它们就不会是我们的对象。而知性范畴本身是知性综合的形式，感性直观对象为何必须与它们相符合就不是那么一目了然了。因此，对知性范畴的客观演绎首先要回答这样一个问题：为何感性直观对象必须与知性范畴相符合。康德认为，知识总是综合的，即以一定的形式对知识内容加以有普遍性的联结。因而，知识存在的必然性前提就是一般联结的存在。"然而，一般杂多的联结决不能通过感官进到我们里面来，因而也不能同时被包含在感性直观的纯形式里；因为它是表象力的一种自发性行动，并且，由于我们必须把它与感性相区别而称作知性，所以一切联结，不论我们是否意识到它，不论它是直观杂多的联结还是各种概念的联结"，"都是一个知性行动"。[①]"联结是惟一的一个不能通过客体给予、而只能由主体自己去完成的表象，因为它是主体自动性的一个行动。"[②] 由于知识的联结只能由知性的行动去实现，感性直观的杂多就必然与知性的综合能力相符合，否则知性对它们的联结将无法实现。这样，康德首先回答了感性直观对象必须与知性的综合能力相符合的原因。知性能够综合感性的杂多，这就要求知性的"我思"必须能够伴随我的一切表象，一切表象都是属于"我"的，它们与"我思"有着必然性的关系。自我意识的这个"我思"伴随其他一切表象并且与其他表象有必然性关系的表象，就是"本源的统觉"，也就是"自我意识的先验的统一"，它是一切先天知识的可能性根据。自我意识的先验的统一作为一切知识的先天依据表明："直观中被给予的杂多的统觉，它的无一例外的同一性包含诸表象的一个综合，而且只有通过对这一综合的意识才有可能。""只有通过我能够把被给予表象的杂多联结在一个意识中，我才有可能设想在这些表象本身中的意识的同一性。"[③] 知性本身的能力就在于先天地联结并把给予表象的杂多纳入统觉的同一性之下来，这乃是整个人类知识中的最高原理。

至此，康德确立了知性对表象杂多的本原的综合作用的逻辑先在性，确立了一切知识发生的逻辑起点，从而也确立了与认识论统一的内涵逻辑的起点。不过，自我意识的综合统一性原理不仅应当是逻辑上在先的，而且应当体现在实际的认识过程中。所谓认识，无非是实现表象、概念与"对象"（客体）之间的一致。康德指出，"客体则是在其概念中结合着一个所予直观的杂多的那种东西"[④]，由于杂多表象的一切结合都要求这些表象的综合中的意识的统一，因此对象（客体）的建立本身已经需要意识的综合统一行动包含于其中了。"也就是说，自我意识既是认识对象的条件，也是对象意识形成起来的条件。对对象的认

---

① ［德］康德：《纯粹理性批判》，邓晓芒译，人民出版社 2004 年版，第 87、88 页。
② ［德］康德：《纯粹理性批判》，邓晓芒译，人民出版社 2004 年版，第 88 页。
③ ［德］康德：《纯粹理性批判》，邓晓芒译，人民出版社 2004 年版，第 90 页。
④ ［德］康德：《纯粹理性批判》，邓晓芒译，人民出版社 2004 年版，第 90 页。

识和被认识的对象其实是一回事。"① 由此，自我意识的统一在认识过程的运用中也就具有了普遍必然性，即客观性。"统觉的先验统一性是使一切在直观中给予的杂多都结合在一个客体概念中的统一性"②，因此它是客观的统一性，其客观性通过知性判断的逻辑机能体现出来。"一个判断无非是使给予的知识获得统觉的客观统一性的方式。"③ 逻辑判断中系词"是"的目的就在于把给予表象的客观统一性与主观统一性区别开来。"在一个感性直观中被给予的杂多东西必然从属于统觉的本源的综合统一性，因为只有通过这种统觉的统一性才可能有直观的统一性。但知性把所予表象的杂多纳入一般统觉之下的这种行动是判断的逻辑机能。"④ 所以，只要杂多在某个经验性直观中被给予出来，就在判断的各种逻辑机能上被规定了。知性的诸范畴恰好是当一个给予直观的杂多在这一机能上被规定时的判断机能，因而直观中的杂多必然从属于诸范畴。

至此，康德从逻辑上论证了知性范畴运用于感性直观对象的普遍权利。但是，这还仅仅是知性范畴统摄感性直观对象进而形成知识的必要条件，而并非其充分条件。因为我们仅仅在逻辑的层次上说明了知性范畴运用于感性直观对象的权利，但我们并没有阐述知性如何能够把自己的法规颁布给对象。换句话说，知性范畴运用于感性直观对象只是有了逻辑上的必然性，它如何运用于感性直观对象还没有得到清晰的阐明。按照康德对感性和知性的判断，感性的作用在于接受性，在于获得感性对象；知性的机能在于把感性直观的杂多带到意识的统一性中，在于形成普遍性的认识。问题在于：不直观的知性如何把自己的法则颁布给感性杂多，"接受性"的感性杂多如何能够转入具有"自发性"的意识而成为意识内容。概括地说，知性范畴运用于感性直观对象进而形成必然

① 杨祖陶、邓晓芒：《康德〈纯粹理性批判〉指要》，湖南教育出版社 1996 年版，第 157 页。
② ［德］康德：《纯粹理性批判》，邓晓芒译，人民出版社 2004 年版，第 93 页。
③ ［德］康德：《纯粹理性批判》，邓晓芒译，人民出版社 2004 年版，第 95 页。
④ ［德］康德：《纯粹理性批判》，邓晓芒译，人民出版社 2004 年版，第 96 页。

性知识的关键在于知性能力与感性能力的必然性联合。正是为了解决这一问题，康德提出了先验想象力学说。

按照康德对知性范畴的阐释，纯粹知性概念只是思维形式，单纯通过它们没有任何确定的对象被认识，它们只是在统觉的统一性上与感性杂多相关联。在这个意义上，我们虽然可以推断出一切感性直观的表象都是"我"的表象，"我思"必然伴随着一切表象。但是，我们却无法知道它是如何把表象带入意识的统一中来的。通俗地说，就是我们到现在还不清楚具有思维机能的知性与具有接受性能力的感性直观是怎样联结在一起形成知识的。

具体地阐明知性范畴和感性直观材料的联结进程，需要在具有不同认识机能的两种认识能力（感性直观能力和思维能力）之间建立起一个有效的中介环节，以使接受性的感性直观内容能够进入自发性的、能动的自我意识，同时自我意识也能够借助这个中介环节把自己的法则颁布给感性直观内容，进而形成适应自己先天认识能力的认知对象。康德认为，知性范畴和感性直观材料之间有效联结的中介环节是想象力。"想象力是把一个对象甚至当它不在场时也在直观中表象出来的能力。"①它一方面属于感性，另一方面又属于知性。说它是感性的，在于它提供给知性概念以相应的直观对象；说它是知性的，在于它是进行规定的而不像感官那样只是可规定的，因而是能够按照统觉的统一并根据感官的形式来规定感官的。想象力对于感官的规定体现在，它是先于单纯依靠知性范畴的智性的综合对直观对象的形象的综合。

作为打通感性直观和知性范畴的关键环节，想象力通过三重综合为感性直观材料上升到知性认识奠定基础。康德把第一个综合叫直观中把握的综合。这是提供杂多之为杂多的综合。"每一个直观里面都包含一种杂多，但如果内心没有在诸印象的一个接一个的次序中对时间加以区分的话，这种杂多却并不会被表象为杂多：因为每个表象作为包含在一

---

① ［德］康德：《纯粹理性批判》，邓晓芒译，人民出版社 2004 年版，第 101 页。

瞬间中的东西，永远不能是别的东西，只能是绝对的统一性。"① 因此，把接受性的感性直观之流表象为杂多，这本身已经要求某种综合，这种综合是针对直观的，它是接受性的感性直观转而成为杂多表象的必要逻辑前提。直观中把握的综合与想象中再生的综合又是必然联结在一起的，它只有在想象中再生的综合的基础上才有可能形成。想象力是把对象甚至不在场时也在直观中再现出来的能力，它能够把流失的表象再生出来。凭借想象力的再生功能，才可能有直观中把握的杂多。想象中再生的综合不仅仅再现表象，而是依据一定的规则把它们综合地再生出来，在表象和表象之间确立了某种具体的关系。这种再生的综合是先验的，"甚至我们最纯粹的先天直观也不能带来任何知识，除非它们包含有对杂多的这样一种使彻底的再生的综合成为可能的联结，那么，想象力的这种综合也就先于一切经验而被建立在先天原则之上了，而我们就必须设定想象力的某种纯粹的先验综合，它本身构成了一切经验的可能性的基础"②。不过，这种想象中再生的综合仍然缺乏概念所提供的统一性，换句话说，想象中再生的综合需要概念中认定的综合加以确认。"如果不意识到我们现在所思维的东西与我们一个瞬间前所思维的东西是同一个东西，那么一切在表象序列中的再生就都是白费力气了。"③因为这样会导致思维新的不同表象的出现，表象的统一性就无法形成。因此，只有确定意识中的表象就是我们在想象中再生的综合所产生的表象，经验知识中感性直观的表象内容才能和知性概念形式达成统一。康德认为，"概念"一词本身已经表明把杂多结合在一个表象中的意思。"我们认识对象，是在我们于直观杂多中产生出了综合统一性的时候"④，只有直观按照一条即使这杂多成为先天必然的，也使杂多结合于其中的一个概念成为可能的规则，通过概念中认定的综合而产生出来，才能形成关于直观对象的综合统一性意识。这第三重综合的根据就

① ［德］康德：《纯粹理性批判》，邓晓芒译，人民出版社2004年版，第115页。
② ［德］康德：《纯粹理性批判》，邓晓芒译，人民出版社2004年版，第116页。
③ ［德］康德：《纯粹理性批判》，邓晓芒译，人民出版社2004年版，第117页。
④ ［德］康德：《纯粹理性批判》，邓晓芒译，人民出版社2004年版，第118页。

是先验的统觉，就是意识对它的自身同一性的本原的和必然的意识，也就是康德在知性范畴的客观演绎中所得出的结论。

这里面需要注意的是，想象力的三重综合作用是通过对直观的杂多进入意识形成联结的必要条件的分析所获得的，它的根据不在直观中，而在先验的统觉中，在知性中。知性的综合就是先验的统觉的行动的统一性，"知性即使没有感性也意识到了这种行动本身了，但知性本身通过这种行动就有能力从内部、就按照感性直观形式所可能给予它的杂多而言来规定感性。所以知性在想象力的先验综合这个名称下，对于被动的主体——它的能力就是知性——实行着这样一种行动，对此我们有权说，内感观由此而受到了刺激"①。由此可见，想象力的综合是知性通过刺激内感观的形式而产生的对直观的形象的综合，它是自上而下的知性把自己的规则颁布给感性直观对象的中介。

通过知性范畴的先验演绎，特别是其中想象力的综合作用的阐述，康德阐明了感性直观对象符合知性法则的必然性以及二者联结的中介环节，在知性范畴和感性直观对象之间建立起必然性的统一关系，从而以人的先天认识能力为基础建立起了认识内容与认识形式相统一的必然性，建立起了与客观必然性知识相统一的内涵逻辑的构架。这里建立起来的还不是以"自我"为基石的内涵逻辑，它只是表明了以人的各种认识机能的协调一致为基础的内涵逻辑存在的必然性，而不是其现实性的存在。现实性的内涵逻辑不仅要求阐明认识内容（经验对象）符合认识形式（知性范畴）的必然性，而且要求揭示二者统一的具体机制和具体进程，而这就需要揭示：既然感性直观对象符合知性通过范畴所颁布给它的法则，我们如何知道某个法则是否适用于某个经验对象？换句话说，我们如何判断某个食物是否归属于某个由范畴给定的规则？康德认为，这是知性不能自己确定，而要借助判断力的作用。

判断力是把事物归摄到规则之下的能力，换句话说，就是辨别某物是否从属于某个由知性范畴给定的规则之下的能力。康德的判断力学说

---

① ［德］康德：《纯粹理性批判》，邓晓芒译，人民出版社2004年版，第102页。

为特定事物归属于一定的知性范畴提供充分的条件，因而也是感性内容与知性形式联结形成具体知识的必要条件，它也是内涵逻辑的一个重要的组成部分。康德的判断力学说包括两部分，一部分讨论纯粹知性概念的统摄感性对象的感性条件的图型法，另一部分讨论在这些条件下从纯粹知性概念种先天推出，并成为其他一切先天知识之基础的所有综合判断。第一部分涉及的只是内涵逻辑推演的必要条件，第二部分才涉及具体的推演过程。

在知性范畴的先验演绎部分，康德论述了感性直观对象与知性通过范畴所颁布给它的规则相符合的必然性，这提供了康德在范畴表中所列举出的全部十二对知性范畴运用于感性直观对象的必然性。然而，具体到某一对象究竟是否应当归属于某一特定的知性范畴，知性并不能自己给出答案，必须借助判断力的作用。当我们凭借判断力把一个对象归摄到一个概念之下时，"对象的表象都必须和这个概念是同质的，就是说，这概念必须包含有归摄于其下的那个对象中所表象出来的东西，因为这里所表达的意思恰好是：一个对象被包含在一个概念之下"①。但是，纯粹知性概念和感性直观是不同质的，在任何直观中我们都不能找到这种同质性。因此，把直观归摄到知性概念之下并把范畴应用到现象之上的唯一可能就是："必须有一个第三者，它一方面必须与范畴同质，另一方面与现象同质，并使前者应用于后者之上成为可能。这个中介的表象必须是纯粹的，但却一方面是智性的，另一方面是感性的。这样一种表象就是先验的图型。"② 因此，所谓的图型就是"知性概念在其运用中限制于其上的感性的这种形式的和纯粹的条件"③。图型是想象力的产物，想象力具有在统觉的先验统一的指导下对感性直观进行形象的综合作用，这种综合作用的一个体现就是构成知性概念运用于具体感性对象的普遍的处理方式的表象，也就是图型。

---

① ［德］康德：《纯粹理性批判》，邓晓芒译，人民出版社2004年版，第138页。
② ［德］康德：《纯粹理性批判》，邓晓芒译，人民出版社2004年版，第139页。
③ ［德］康德：《纯粹理性批判》，邓晓芒译，人民出版社2004年版，第140页。

　　纯粹知性概念的最基本的先验图型是时间。时间是内感官的纯形式，知性有能力通过先验统觉的统一性的行动刺激和规定内感官，因此，"一种先验的时间规定就它是普遍的并建立在某种先天规则之上而言，是与范畴同质的"①，"另一方面，就一切经验性的杂多现象中都包含有时间而言，先验时间规定又是与现象同质的"，"因此，范畴在现象上的应用借助于先验的时间规定而成为可能，后者作为知性概念的图型对于现象被归摄到范畴之下起了中介作用"②。在时间这个最基本的概念范畴的先验图型基础上，想象力分别形成了量的纯粹图型（数）、质的图型（感觉与时间表象的综合）、关系的图型（诸知觉在一切事件中的相互关联性）以及模态的图型（时间规定对象是否及怎样属于自身的表象）。时间作为图型的先天规定表明："知性的图型法通过想象力的先验综合，所导致的无非是一切直观杂多在内感官的统一，因而间接导致作为与内感官相应的机能的那种统觉的统一。"③ 因而，知性概念的图型法带给概念与客体的统一关系，是概念与感性直观对象在认识中统一的真实条件，也是内涵逻辑建构起来的真实条件。

　　康德通过先验感性论阐明了认识形成自身内容的主观形式条件；通过先验范畴论阐明了知性综合行动的规则；通过纯粹知性概念的先验演绎，尤其是通过其中的先验想象力学说论述了纯粹知性范畴运用于感性直观对象的必然性，从而从认识机能上确立了感性直观对象与知性范畴统一的根据；通过判断力学说中的先验图型说论述了判断力把感性对象归摄到具体知性范畴之下的机制，从而解决了具体知性范畴与感性对象在具体判断中如何统一的问题。这样，康德也就论证了在"自我"的统一性原则之下知性范畴与感性直观对象统一的一般机制，也就是内涵逻辑形成的一般机制。随之而来的

---

① ［德］康德：《纯粹理性批判》，邓晓芒译，人民出版社 2004 年版，第 139 页。
② ［德］康德：《纯粹理性批判》，邓晓芒译，人民出版社 2004 年版，第 139 页。
③ ［德］康德：《纯粹理性批判》，邓晓芒译，人民出版社 2004 年版，第 143 页。

任务，就是阐述在此基础上形成的知识的体系，也就是关于知识的内涵逻辑。

在具体展开知识的内涵逻辑之前，康德首先阐明了知识体系的两条先天原理：一切分析性知识的至上原理（矛盾律）和一切综合判断的至上原理（每个对象都服从在可能经验中直观杂多的综合统一的必要条件）。分析性知识原理是一切知识都不能违背的规则，"不能有任何知识与这条原理相违背而不自我消灭"。但是，它只是知识真理性的必要条件，而不是知识真理性的根据所在，只有综合判断的知识原理才是知识真理性的根据。综合判断的至上原理就是要说明关于对象的普遍必然性的综合判断是如何可能的，也就是我们在前面着重分析过的感性直观对象与具有必然性形式的知性范畴在意识中的统一这一问题。知识的原理体系除了上述两条先天原理之外，还包括关于四个门类的范畴的原理，它们是范畴客观应用的规则，分别为直观的公理、知觉的预测、经验的类比以及一般经验性思维的公设。由于本文研究的重心在于内涵逻辑形成的一般机制以及它与辩证法的关系，因而对这部分内容不作进一步的分析和讨论。

（四）康德内涵逻辑中的想象力"辩证法"

提起康德的辩证法，熟悉康德的人自然而然会想到理性的"幻象的逻辑"。这种幻象的产生的原因是："在我们的理性中，包含着理性运用的一些基本规则和准则，它们完全具有客观原理的外表，并导致把我们的概念为了知性作某种联结的主观必要性，看作了对自在之物本身进行规定的客观必然性。"[①] 理性的这种辩证的"幻觉"是"自然的"和不可避免的，其原因在于：同知性的规则的能力相区别，理性的能力在于原则，在于使知性规则统一于原则之下的能力。因此，理性从来不以任何直观的、感性的东西为对象，而是以知性的规则为对象。理性实现统一知性规则于原则之下的能力是推理，这是理性区别于知性的概念、判

---

① ［德］康德：《纯粹理性批判》，邓晓芒译，人民出版社 2004 年版，第 260 页。

断力的判断的独特认识能力。"理性在推论中力图将知性知识的大量杂多性归结为最少数的原则（普遍性条件），并以此来实现它们的最高统一。"[①] 也就是说，理性力图通过推论为知性寻找根据，寻找为一切知识提供条件的"无条件者"，并以此作为全部知性知识统一的基础。这个"无条件者"必然是超验的，"理性在其推理中从经验通向它那里，并根据它来估量和测定自己的经验性运用的程度，但它本身却永远也不构成经验性综合的一个环节"。[②] 这个"无条件者"，作为一切知识的最终的统一性根据，就是作为绝对主体的"灵魂"、作为绝对客体的"宇宙"和作为绝对的主体和客体统一的"上帝"。理性推论行动的目的，就在于获得关于这个"无条件者"的概念规定。但是，理性是做不到这一点的，因为理性不能通过感性直观获得这个"无条件者"作为自己的对象。同时，理性认识"无条件者"必须借用知性范畴，而知性范畴只具有结合感性直观材料的作用，当理性强迫知性范畴之外来规定"无条件者"时，由于得不到经验的验证，它必然在两种相互矛盾的判断中无所适从，陷入"辩证法"之中。

康德的理性的辩证法是一种消极意义上的辩证法，它是理性试图以范畴认识现象背后的"物自体"时所必然陷入的理性判断的自相矛盾、取消确定性的状况。康德力图以这种辩证法表明，我们只能认识由我们的主观接受能力所形成的现象，认识现象背后的物自体，是我们的认识能力无法胜任的。从康德对于辩证法的这种消极的理解来看，康德是不承认他的关于知识形成的内涵逻辑与辩证法有什么内在的联系的，对于他来讲，辩证法只是理性的"幻象"。

那么，康德关于知识形成的内涵逻辑与辩证法究竟有没有关系呢？这需要我们重新审视康德的与认识论相合流的内涵逻辑的建构过程。通过前面对康德的知识论的阐述我们知道，康德的关于"现象"的必然性

---

① ［德］康德：《纯粹理性批判》，邓晓芒译，人民出版社 2004 年版，第 265 页。
② ［德］康德：《纯粹理性批判》，邓晓芒译，人民出版社 2004 年版，第 268、269 页。

知识的形成需要先天的感性直观形式、先天的知性概念范畴以及使二者的必然性联结成为可能的先验想象力的图型等要素。按照康德对感性和知性的规定，感性的机能在于直观的接受性，在于接受刺激形成认识的对象，感性不具有思维的机能，因此它只是通过直观构成认识的"内容"。知性的机能在于思维，在于把感性直观中的杂多带入思维中的统一性中来，也就是说它的机能在于提供知识的必然性形式。思维不具有直观的机能，它不能为自身形成认识的"对象"，它只能以感性直观为它带来的"现象"作为自己的认识对象。感性和知性分别构成认识的内容要素和形式要素，因此，关于"现象"的知识的关键问题就是二者如何统一的问题。显然，二者统一的基础只能是知性，而不能是感性，知性提供普遍必然的知识形式，因而也能够为知识提供普遍的必然性。这样一来，知性如何统摄感性，促使感性能够按照自己所颁布给它的规则来形成认识对象就是其知识论的关键问题，这也就是康德的关于知性范畴的先验演绎所要解决的问题。

知性把自身的法则颁布给感性直观对象要借助想象力的作用。感性和知性的统一的根据只能来自知性，知性通过其自身的行动的统一性有能力从内部、按照感性直观形式所可能给予它的杂多来规定感性。知性通过想象力的先验活动规定感性直观的杂多，从而形成了在直观中的联结，这种联结不是通过知性概念范畴的"智性"的综合形成的，而是通过想象力的形象的综合作用形成的。正是在想象力的作用下，感性直观的杂多才能够成为符合知性认识条件的感性直观对象，知性范畴应用于感性直观对象的普遍必然性才得到了逻辑上的说明。想象力不仅作为使感性和知性两种认识机能的贯通一致的关键中介环节，在具体的知识判断形成的过程中，它又为具体的感性直观归摄到特定的知性范畴之下提供必要的中介环节——先验的图型。由此可见，在康德的内涵逻辑中，想象力是一个核心的、关键的要素。

分析康德对想象力的规定，我们会发现，想象力作为感性与知性联结的中介环节，具有明显的"辩证"特性。康德虽然根据想象力的综合作用把它规定为知性对感性的一种作用，但这种作用已经完全不同于不直观的知性的综合作用，而是在直观中的"形象的"综合。因此，想象力作为知性的一种行动，就超出了知性的"不直观"的规定，想象力只有具有直观的机能，才能在直观中实行其形象的综合。想象力一方面具有直观的机能而属于感性，另一方面实行对直观的综合作用而属于知性，它表现出既属于感性，又不是感性；既属于知性，又不同于知性的特性，这就是想象力的"辩证法"。具有辩证特性的想象力在具体认识中的作用是：通过形成纯粹知性概念的先验的图型为具体的感性对象归摄到特定的范畴之下创造条件。作为具有辩证特性的想象力的产物，先验的图型也是辩证的，它一方面是感性的、与现象同质的，另一方面是智性的、与知性范畴同质的，这样它才能对现象被归摄到范畴之下起中介作用。康德关于想象力的既属于感性又属于知性的规定表明：要确立认识内容与认识形式辩证统一的内涵逻辑，必须打破认识对象的感性规定与认识形式的知性规定之间的坚固对立，阐明二者之间既相互区别又辩证统一的关系。只有我们阐明感性对象与知性形式的辩证统一的机制，我们才能阐明知识中认识内容与认识形式的统一，关于认识的内涵逻辑才能确立起来。在康德的关于知识必然性的内涵逻辑与想象力的辩证法之间存在着内在的关联，康德通过想象力的辩证规定阐明了感性与知性的统一的具体环节，并以此为基础阐明了作为认识内容的感性对象与作为认识形式的知性范畴的统一的一般进程，从而建立了与知识论相统一的内涵逻辑。因此，可以说想象力的"辩证法"是康德的内涵逻辑的必要条件。

康德的内涵逻辑还不是体系化的内涵逻辑，这主要体现在：各部门、各种类知性范畴之间还缺乏有机的联系，没有统一于一个首尾一致的逻辑体系之中。其根本原因在于：康德虽然认识到了传统的形式逻辑不足以充当奠定知识必然性的基础，但他仍然坚持把形式逻辑的矛盾律看作知识原理不可违背的原则，在此基础上，从知性的一个概念范畴到另一个概念范畴的运动就不能够是合法的，因为从一个概念发展到另一个概念必然要使概念的规定同时否定自身。因此，理性使知性概念获得统一性的推理行动也就没有合法性。正是由于对矛盾律的固守，康德无法阐明理性通过推理运动形成概念范畴的过程，他只是通过传统的逻辑判断发现一些基本的知性范畴，无法说明这些范畴的由来，因而也无法说明为什么我们恰恰有这些基本范畴。

康德对形式逻辑矛盾律的固守同时也导致了他对辩证法的消极的观点，一旦形式逻辑的矛盾律被确立为真理的形式标准，任何违反这一形式规则的"辩证"运动都会被看作认识的自我消解，因此理性推论的辩证逻辑也就成了康德眼中的"幻象的逻辑"。康德没有意识到，当他力图从形式逻辑之外寻求知识的根据，进而把综合原理视为一切知识的最高原理的时候，他已经超出了形式逻辑的同一律的规则，把差异之物的综合统一视为知识的原则，这实际上已经包含从差异到统一的辩证运动。尽管康德努力把辩证法排除在真理的逻辑之外，但当他努力论证感性对象与知性范畴统一的必然性时，辩证法又不知不觉地包含在他的知识的逻辑之中了。

康德囿于形式逻辑的矛盾律，其内涵逻辑中所包含的辩证法还不是概念发展的辩证法，而只是想象力的"辩证法"。与此相对应，其关于知识必然性的内涵逻辑还不是概念的内涵逻辑，只是知性范畴与直观表象相一致的内涵逻辑。要建立系统的概念发展的内涵逻辑，必须打破形式逻辑的限制，构建概念自我发展的辩证法，这样才能以概念内涵发展的形式建立起全部知识的逻辑基础——内涵逻辑。把理性的概念辩证发展运动从消极的"幻象的逻辑"名声下解放出来，使辩证法在建立知识根据的内涵逻辑中的作用凸显出来的是康德的后继者费希特。费希特在康德所确立的理性"自我"的知识原则基础上，通过"本原的自我"的辩证运动建立起全部知识的逻辑基础，也就是其内涵逻辑。

二 费希特的内涵逻辑与"自我"行动的辩证法

在德国古典哲学发展的逻辑进程中，进一步贯彻康德所确立的知识论原则，从而以体系化的方式建立内涵逻辑的人是费希特。费希特哲学同康德哲学的主要区别在于：第一，从知识论的原则上讲，费希特更加彻底地贯彻了"自我"作为全部知识的原则，取消了康德的"自在之物"的原则性地位；第二，从原则上取消了形式逻辑的矛盾律作为知识的最高形式原理，承认辩证法在知识形成过程中的奠基性的作用；第三，建立了一个系统的知识学体系，各种范畴之间不再是分离的、互不相关的，而是通过"自我"的事实行动逐步推演出来的，因而在各个范畴之间存在着联系、过渡，即概念发展的辩证法的雏形。由于在原则上取消了"自在之物"在知识学中的地位，费希特就把认识内容和认识形式的来源都收归于"自我"，这样，知识的必然性问题就不再是康德哲学的知性范畴与感性对象的统一问题，而是"自我"如何在事实行动中形成认识的内容并形成与其相统一的认识形式的问题。费希特是以"自我"的辩证的事实行动来阐明认识内容与认识形式的统一的，正是从这个意义上讲，他建构了"自我"行动的辩证法，从而建立了他所谓的知识学，同时也是关于知识必然性的内涵逻辑。

（一）"自我"作为知识学的基础

费希特认为，哲学应该是关于知识的科学，"费希特宣称哲学的任务是研究关于知识的学说。意识能认知事物，认知就是意识的本性。哲学的认识就是对于这种知识的知识"①。这种关于知识的科学就是"知识学"，"知识学是关于知识的科学，这门科学阐明一切知识的可能性和有效性，并且按照知识的形式和内容指出根本原则的可能性，根本原则本身，并从而指出人的一切知识的内在联系"②。费希特认为，人的知识都是经验知识，哲学要研究知识的根据，因此这个根据不能来自经验，只能到经验之外去寻找。费希特主张，解决这个问题的道路只有两条，即"独断论"的道路和"唯心论"的道路。其原因在于："在经验中，物

---

① ［德］黑格尔：《哲学史讲演录》第四卷，贺麟、王太庆译，商务印书馆1978年版，第312页。

② ［德］黑格尔：《哲学史讲演录》第四卷，贺麟、王太庆译，商务印书馆1978年版，第312页。

和理智是不可分割地结合在一起的。物是不依赖于我们的自由而被规定的，我们的认识应当向它看齐；理智则应当认识物。"① 所以，或者从物中引申经验知识，或者从理智中引申出经验知识。前者是所谓的"独断论"的道路，这种主张认为，经验性知识是物的产物，理智在经验知识产生的过程中只是按照物的机械因果性活动，它不是知识的根据。这种主张实际上是把人的理智的活动归结为机械的必然性，因而是一种"唯物论"。后者是所谓的"唯心论"的道路，它主张物是意识的产物，知识的必然性来自理智。这两条道路是解释知识根据的相反的道路，因此，分别以它们为依据形成的哲学体系也是两个对立的哲学体系，因为它们在解释知识产生的原则上是根本对立的，一方成立，另一方就必然被推翻，两个原则根本不可能被调和在一个体系之中。费希特认为，康德的哲学就是一个"自在之物"和理性的"混合体"，康德分别以自在之物和理性作为知识的内容和形式上的根据，但由于解释原则上的分歧，在其哲学体系中必然会产生"裂缝"，最后陷入"物自体"不可知的怀疑主义。费希特称康德的体系为"最粗陋的独断论和最坚决的唯心论的离奇荒诞的结合"，为了避免体系的混乱，必须在"独断论"和"唯心论"之间作出选择。

费希特认为，选择"独断论"还是"唯心论"，取决于人们的自由和独立意识发展的程度。当他们还没有意识到自身的自由与绝对独立性时，由于他的自我离不开外物的支撑，所以就选择"独断论"；当他们意识到自己的自由和绝对独立性时，他无须外物来支撑自己，因此就选择"唯心论"。显然，费希特在经验知识的根据这一问题上采用的是"唯心论"的道路。他认为，"独断论"以物自身作为经验知识的根据，但物自身本身就是理智抽象的产物，因而我们没有权利断定它的存在。同时，以物自身为原则不能解释经验，因为经验是存在系列与意识系列的相互关系，物自身只有一个单纯的实在的系列，没有意识的系列，因

---

① 北京大学哲学系外国哲学教研室编译：《十八世纪末—十九世纪初德国哲学》，商务印书馆 1975 年版，第 186 页。

此它无法说明从存在到意识的表象的过渡。同"独断论"相比较，"唯心论"的理论优势在于以下两点：第一，它的对象是作为实在出现在意识里的，但这个实在不是"物自身"，而是"自我自身"，因而也就只承诺出现在意识中的东西才是"实在的"；第二，"当理智的存在作为理智被肯定的时候，知觉理智的那个东西也就已经一起被肯定了。因此在理智里面——我形象地来表达我的意思——有着双重系列，存在的系列和注视的系列，即实在的系列和观念的系列；而理智的本质（理智是综合的）就在于双重系列的不可分割性"①。理智的综合本性表明，意识的存在乃是意识到自身的存在，因此，"存在的意识和意识到它存在的那个意识是同时被肯定的、不可分割的，这两者实际上就是同一个意识，即自我意识"②。只有在自我意识中，思维和存在才能形成真正的统一，因此，"也就只有自我或自我意识才是知识学的真正的出发点和绝对第一原理"③。费希特把"自我"确立为全部知识学的基础，从原则上抵制了康德的二元论，从而也就把理性确立为全部知识的基石，从而为建立一个首尾一致的知识的理性逻辑体系奠定了基础。由于认识的对象和认识的形式全都源于理性"自我"这一最高原理，考察认识必然性的内涵逻辑就不必再费心去论争认识对象与认识形式统一的必然性，它只需考察作为全部知识根据的"自我"如何通过自身的"事实行动"形成自己的对象并达到对它的认识就足够了。这样一来，以"自我"为根据推演出全部知识的基本原理和范畴体系就成为费希特知识学的重要任务，建立全部知识的必然性逻辑体系——知识发展的内涵逻辑就成为费希特《全部知识学的基础》一书的核心任务。对于费希特作为全部知识最高原则的"自我"的确立，黑格尔认为，在费希特这里，哲学的要求被提高到这样的程度："不复把绝对本质理解为不把区别、实在、现

---

① 北京大学哲学系外国哲学教研室编译：《十八世纪末—十九世纪初德国哲学》，商务印书馆1975年版，第175页。

② 杨祖陶：《德国古典哲学的逻辑进程》，武汉大学出版社2003年版，第131、132页。

③ 杨祖陶：《德国古典哲学的逻辑进程》，武汉大学出版社2003年版，第132页。

实性包含在自身内的直接的实体。一方面,自我意识总是尽力反对这种实体,因为它在这种实体里找不到它的自为存在,因而得不到自由。另一方面,它要求这个被表象为客体的本质是一个有自我意识、有人格的本质,亦即有生命、有自我意识的现实的本质,而不仅仅是关闭在抽象的形而上学思想里的东西。"①

(二) 全部知识范畴的逻辑推演

通过对"独断论"和"唯心论"的分析比较,费希特阐明了自己选择"唯心论",从而把理性的"自我"视为知识学的最高原理的理由。那么,作为最高原理的"自我"有什么样的本性,"自我"怎样通过自己的事实行动推演出知识的定理以及具体范畴的呢?这是《全部知识学的基础》一书所要回答的主要问题。首先,我们来分析费希特的"自我"的本性。在该书的第一部分中,费希特探讨了以下三条全部知识的基本原理。

第一条原理,绝对无条件的"自我设定自己",我们既不能对它加以证明,也无须对它加以证明,因为它本身就已经是自明的。"自我"作为全部知识的最后的根据,它自己确立自己、自己产生自己,这就是它的"设定"的行动。在这一行动中,自我既是"行动者",又是"行动的产物","自我设定自己,而且凭着这个由自己所作的单纯设定,它是〔或,它存在着〕;反过来,自我是〔或,自我存在着〕,而且凭着它的单纯存在,它设定它的存在。——它同时既是行动者,又是行动的产物;既是活动着的东西,又是活动制造出来的东西;行动与事实,两者是一个东西,而且完全是同一个东西;因为'我是'乃是对一种事实行动的表述,但也是对整个知识学里必定出现的那唯一可能的事实行动的表述"②。

---

① 〔德〕黑格尔:《哲学史讲演录》第四卷,贺麟、王太庆译,商务印书馆 1978 年版,第 310 页。
② 〔德〕费希特:《全部知识学的基础》,王玖兴译,商务印书馆 1986 年版,第 11 页。

　　自我的这种设定自身存在的本性，就是设定与存在的直接同一性，正是由于这种设定与存在的直接同一性，自我才直接具有双重的系列——理智的系列和存在的系列，自我才能成为全部知识的阿基米德点。费希特对自我设定自身的阐述，是从形式逻辑的同一律 A = A 出发的，但这并不表明自我对自身的设定是通过形式逻辑的同一律得到证明的，恰恰相反，同一律只能通过自我设定自身的行动得到证明。"如果从命题'我是'里抽掉特定的内容，抽掉自我，而只剩下和那个内容一起被给予了单纯形式"①，这就是形式逻辑的基本规律同一律。

　　费希特认为，他的全部知识的绝对无条件的原理，康德已经在其知性范畴的演绎中提示过了，那就是"自我意识的先验统一"原理，只不过康德没有把它建立为基本原理。这个绝对无条件的原理，就是全部知识的意识统一性根据，只有在此基础上，所有知识中的综合统一才能建立起来。费希特绝对无条件的知识原理既是全部知识的起点，也是关于知识发展必然性的内涵逻辑的起点，正是以自我的设定与存在的直接统一，费希特才建立了全部知识发展的内涵逻辑。

　　第二条原理，形式上无条件、内容上有条件的"自我设定非我与自己对立"。说它是形式上无条件的，在于这里的设定是"对设""反设定"，"反设定的形式并不包含于设定的形式中，甚至可以说，反设定的形式是与设定的形式正相对立的。因此，反设定是无待任何条件而直截了当地对设起来的"。② 说它是内容上有条件的在于，当我们通过反设定设定了￢A，那么必然已经设定了 A，因为￢A 作为与 A 正相反的规定，必然以 A 的内容上的规定为前提。这第二条原理表明：原始的、设定自身的自我，只有当它与非我区别开来时，它才能被设定，离开了非我，自我就不能被设定。"原初被设定的没有别的，只有自我；而自我只是直截了当地被设定的。"③ 因而，自我要进一步获得思维上的规定，

　　① ［德］费希特:《全部知识学的基础》，王玖兴译，商务印书馆1986年版，第14页。
　　② ［德］费希特:《全部知识学的基础》，王玖兴译，商务印书馆1986年版，第18页。
　　③ ［德］费希特:《全部知识学的基础》，王玖兴译，商务印书馆1986年版，第20页。

只能被设定为与它的对立面相反对,"因此只能直截了当地对自我进行反设定","同自我相反或对立的东西,就是=非我"。① 这第二条原理说明自我设定活动的一个特性,就是它在进行设定活动的同时,必须设定一个对立物,只有这样,被直接设定的东西才获得了规定性。

费希特的第二条原理是他在原则上超越康德的具体表现。在康德那里,先验的自我意识只是进行规定的东西,只是颁布法则的东西,而不是被规定的东西,因此它不是认识的对象,是不能被认识的。而费希特的自我在设定自身的同时也设定自身的对立物,也就是说,自我在设定自己是规定非我的同时,它同时也设定了它被非我规定,这样,自我就能够不断地通过自己的设定活动,使自身获得不断丰富的规定性,从而形成自己不断发展自身、不断丰富自身的内涵逻辑,而不至于使自身只落得一个空洞的意识统一性。

第三条原理,由第一、第二条原理必然过渡而来,即"自我在自我之中对设一个可分割的非我以与可分割的自我相对立"。这条原理在形式上是有条件的、规定了的,只有在内容上才是无条件的。也就是说,"它所提出的行动任务,是由先行的两个命题给它规定了的,但任务的解决却不是这样;任务的解决是无条件地和直截了当地由理性的命令来完成的"②。由第二条原理,我们可知,只要非我在一个意识中被设定了,自我也就在同一个意识中被设定了。但是,"只要非我在自我中被设定了,自我就不能在自我中设定起来"③。这两个结论是相互对立的,并且都是通过第二条原理发展出来的,因此第二条原理自己扬弃自己。"但是,第二条原理,只有在设定起来的东西为对设起来的东西所扬弃的情况下,因而只有在它本身有效准的情况下,才自己扬弃自己。现在它应该是自己扬弃了自己,应该没有效准。""因此,它并不扬弃自己。"④ 第二条原理既扬弃自己,同时又不扬弃自己。同理,第一条原

① [德] 费希特:《全部知识学的基础》,王玖兴译,商务印书馆1986年版,第20页。
② [德] 费希特:《全部知识学的基础》,王玖兴译,商务印书馆1986年版,第22页。
③ [德] 费希特:《全部知识学的基础》,王玖兴译,商务印书馆1986年版,第23页。
④ [德] 费希特:《全部知识学的基础》,王玖兴译,商务印书馆1986年版,第23页。

理也是如此。这样一来，就不是自我等于自我，而是自我等于非我，非我等于自我。但是这将导致意识统一性被扬弃掉，导致我们知识的绝对基础被扬弃。因此，"对设起来的自我和非我，应该通过某种行动被设定为统一的、等同的东西，它们并不因此而互相扬弃"①，各种对立物应当统一于意识的统一性。

费希特认为，只有通过"相互制约"的行动，各种对立物才能够被结合在一起，不至于互相取消、互相扬弃。费希特所谓的制约、限制行动是指"不由否定性把它的实在性整个地扬弃掉，而只部分地扬弃掉"，"因此，在限制的概念里，除实在性和否定性的概念之外，还含有可分割性的概念"②。因此，自我和非我都被设定为可分割的。这样就过渡到第三条原理："自我在自我之中对设一个可分割的非我以与可分割的自我相对立。"这第三条原理是知识学的关键的原理，尽管在形式上它类似于第一、第二条原理，但在内容上它对自我和非我所做的统一行动是一切知识的根据。费希特高度评价这一原理在知识学中的关键地位，"没有哲学越出这种认识；但任何彻底的哲学，都应该回溯到这种认识上来；而且只要它做到了这一点，它就成了知识学"③。

至此，费希特建立起了全部知识的基本原理，他认为，"一切在人类的精神体系中出现的东西，都必定能从我们已建立的东西中推演出来"④。值得注意的是，尽管费希特非常看重第三条原理，但并不意味着它是最高根据。因为，"第三条原理所表达的那种原始行动，即将对立的事物在第三者之中结合起来的那种行动，如果没有树立对立面的对设行动，是不可能的。同样，树立对立面的行动，如果没有结合的行

---

① ［德］费希特：《全部知识学的基础》，王玖兴译，商务印书馆1986年版，第24、25页。

② ［德］费希特：《全部知识学的基础》，王玖兴译，商务印书馆1986年版，第26页。

③ ［德］费希特：《全部知识学的基础》，王玖兴译，商务印书馆1986年版，第27、28页。

④ ［德］费希特：《全部知识学的基础》，王玖兴译，商务印书馆1986年版，第28页。

动，也是不可能有的；因此两者事实上是不可分割地结合在一起，并且只在反思中才能加以区别的。"① "反思是专找它们中间的对立面，从而把这种对立面突出起来，使之达到明确的意识。"② 第二条原理与第三条原理是互为条件、相互制约的，它们共同以第一条原理为条件。第一条原理乃是"自我"的直截了当的设定，通过这一设定，"自我"既不与任何别的东西相同，也不与任何别的东西相对立，而单纯地直接被设定。在此基础上，才有设定对立面的对设行动和统一对立面的结合行动。因此，全部知识的体系，以第一条原理为基础。费希特建立的三条原理，阐明了"自我"在形成知识活动时的一般规律，其中第一条原理是"自我"的纯粹活动特性的规定，在第一条原理基础上建立起第二、第三条原理，这两条原理阐明了"自我"在构建知识活动中的综合活动的一般规律和根据。"自我"的构建知识的行动被阐明了，从而知识学的推理原则也就被完备地揭示出来了。在自我与非我的基本综合中，"建立了一个容纳一切可能的未来的综合的内容，在这方面，我们也不再需要别的什么了。凡是属于知识学领域内的东西，一定都可以从上述的基本综合中引申出来"③。

　　费希特通过知识学的三条原理，阐明了"自我"认识行动中基本综合的一般规律，但是，由这个基本综合所统一的那些概念还没有完全建立起来。因此，知识学的下一个任务，就是按照基本综合的一般行动方式，把这些概念发展建立起来，而这些概念的发展和建立的逻辑，就是费希特的内涵逻辑。

　　费希特以自我的行动建立和发展概念的方式，是按照他所阐述的"自我"的一般行动方式来进行的，即"首先必须找出已经建立的概念的对立的标志"，这是通过反省活动来进行的，接着从对立推演出综合，从而可以推演出两个对立的概念在其中得以联合的新的概念，而通过对

---

①　[德] 费希特:《全部知识学的基础》，王玖兴译，商务印书馆1986年版，第30页。
②　[德] 费希特:《全部知识学的基础》，王玖兴译，商务印书馆1986年版，第31页。
③　[德] 费希特:《全部知识学的基础》，王玖兴译，商务印书馆1986年版，第4页。

新的概念的反省，又可以发现其中的对立，进而推导出新的综合的概念，如此循环，直至不能发现新的对立为止。

费希特建立和发展概念的知识学，分为"理论知识学"和"实践知识学"两大部分，其基本原理分别为"自我设定自己是受非我规定的"和"自我设定自己是规定非我的"。在理论知识学中，首先通过限制性范畴显示了自我的规定与被规定的对立，两个对立面通过关联的根据，从而发展为相互规定范畴，相互规定范畴又显示出了原因与结果的对立，这两个对立面也通过关联的根据，在效用性范畴里得到了统一；效用性范畴展现出的两个对立面，为实体与偶性，二者最后在实体性范畴里达到统一。最后，与本原行动中的分析与综合活动相对应，反思经过综合与分析，证明了"自我设定自己为受非我规定的"这一定理。在实践知识学那里，"自我的本原行动的过程不像在理论部分那样，是从普遍性到个别性，而是从个别性到普遍性。这个过程的开端是理论部分的终点的反题，即'自我设定自己为规定非我的'。在知识学的这个实践部分里，反思同样相应于本原行动的整合与分化，不断地经过自我的努力与自我的反努力、从事反思的倾向与实际活动的冲动等等的分析与综合，向着那个无条件地设定自己的自我回归，即向着理论部分的起点回归"①。

费希特的理论知识学和实践知识学既是第三条原理的逻辑展开，同时又是对它的证明，只有自我在经过理论知识学和实践知识学的推演之后回到它自身，这个关于知识发展的内涵逻辑才算真正的完成。不过，费希特的内涵逻辑在这个意义上并没有完成，其具体表现和原因我们将在后面加以讨论。

（三）费希特的内涵逻辑与自我"行动"的辩证法

在上一节对康德的内涵逻辑的分析中，我们知道，康德建立内涵逻

---

① 梁志学：《略论先验逻辑到辩证逻辑的发展》，《云南大学学报》（社会科学版）2004 年第 4 期。

辑的必要条件是其"想象力的辩证法"。那么，费希特在其建立内涵逻辑的过程中，是否也必须以一定的辩证法理论为其前提呢？我们只要分析费希特的作为知识学原理形成的过程，就不难得出结论。

费希特以"自我"作为全部知识学的基础，并确定自我的事实行动是全部知识产生的根据，由此看来，自我行动的规律就是知识发展的逻辑规律，也就是内涵逻辑的一般规律。自我的行动规律就是费希特在知识学的基础原理中揭示出来的，其中第一条原理表明：自我的纯粹活动就是由自己所作的设定，自我凭借这一设定而直接存在。第二、第三条原理是在第一条原理基础上建立起来的。第二条原理表明，自我在进行设定自身的活动同时必然要通过反设定来设定非我，被自我所设定的自我只有通过与自我通过反设定所设定的非我才能在设定中获得规定性，通过这一条原理，自我才能在自身内包含知识规定的差别性原则。第三条原理是自我的行动能够成为全部知识根据的关键，因为知识的本性在于综合，在于把不同的东西结合在一起。自我只有在自身中设定自己与非我的统一，才能在自身内包含差别的统一原则，才能成为所有知识中综合行动的根据。在第三条原理中，自我设定了自我与非我的统一，这个统一是通过量的规定来实现的。通过这个量的概念，自我和非我都被设定为可分割的，自我在自我中没有设定起来的那部分实在性，在非我中设定起来了；自我在非我中设定起来的实在性，在自我中被扬弃了。第二、第三条原理表明，自我的设定的行动，是自我的"辩证的"行动，这种辩证的行动的特性，就在于它不是设定抽象的自身同一，而是设定与对立面的对立同一。这种从设定自身到设定对立面的过渡与统一运动的一般方式，就是自我的设定行动的辩证法。

通过上述分析我们可以看出，作为知识学一般根据的自我的设定活动，就是自我的设定行动的辩证法，也就是说，自我行动的辩证法构成了知识形成和发展必然性的一般根据，也就是关于知识的内涵逻辑的一般根据。费希特首先确立了自我设定行动的辩证法，在此基础上才建立起了认识内容与认识形式相统一的内涵逻辑。

费希特把"自我"确立为全部知识的原则，并把自我的设定行动规定为统一对立面的辩证行动，这样，作为知识两个关键要素的认识内容和认识形式就都能够从自我的行动中推演出来，从而使以自我为阿基米德点推演出全部知识的体系成为可能。对于费希特的这种做法，黑格尔给出了很高的评价："费希特哲学的最大优点和重要之点，在于指出了哲学必须是从最高原则出发，从必然性推演出一切规定的科学。其伟大之处在于指出原则的统一性，并试图从其中把意识的整个内容一贯地、科学地发展出来。"① 费希特虽然在主观上力图建立一个从"自我"推演出来的首尾一致的知识的逻辑体系，但是他并没有真正地实现自己的愿望。无论是在理论知识学中，还是在实践知识学中，自我不断统一对立面的行动不是自己推进自己的，它总是需要一个外来的阻力、外来的刺激，自我与非我的关系处于永无休止的对立之中。自我作为绝对的行动应该统一其对立面，但由于这个对立面的根据并不在自我之中，因此，费希特最后达到的二者的统一也只是主观上的"应该"。黑格尔是这样评价费希特的哲学体系的：在费希特这里，非我只是作为自我的阻力，"于是那无限前进的活动就遇到了阻力，就为阻力阻挡回去，然后它又对那阻力起反作用。由于自我设定非我，肯定的自我就必须限制自身。尽管费希特力图解决这个矛盾，但是他仍然没有免除二元论的基本缺点。因此矛盾并没有得到解除，而那最后的东西只是一个应当、努力、展望"②。

费希特建立以"自我"为根据的知识学体系失败的原因，在于它仍然没有最终在原则上设定二者的同一。正如邹化政先生所指出的：费希特哲学中自我和非我的一贯的矛盾，生根于他的意识的最高原理，即"自我在自我之中对设一个可分割的自我以与可分割的自我相对立"。"费希特虽然把量的规定导入作为本体的绝对自我，从量上阐明了自我所以能设定非我的可能性，但这样自我与非我的对立统一，便只能是量

① ［德］黑格尔：《哲学史讲演录》第四卷，贺麟、王太庆译，商务印书馆1978年版，第311页。
② ［德］黑格尔：《哲学史讲演录》第四卷，贺麟、王太庆译，商务印书馆1978年版，第320页。

上的而非质上的：在质上非我与自我绝对对立，非我绝不是自我——自我将其一部分实在性，转变为与它自身绝对不同的非我，二者毫无质上的同一性，因此，在自我对非我的关系中所产生的一切规定，无论是感性的还是理性的，也无论是理论的还是实践的，都必然在非我之外，仅只是自我的规定。唯因如此，费希特不可能阐明自我何以设定非我的内在根据。"①

既然在费希特的意识最高原理中自我与非我的对立统一仅仅是量上的对立统一，而非质上的对立统一，那么，由这一原理所阐明的自我的辩证的设定行动，即自我的设定行动的辩证法，就不是从自我的质的设定到非我的质的设定的辩证运动，而只是自我的量的设定到非我的量的设定的辩证运动。因而，在自我设定行动的辩证法中，费希特根本还没有把自我与非我在质上统一起来。从这个意义上讲，正是费希特在其辩证法理论上的不彻底性导致了其内涵逻辑体系的缺憾。

费希特对康德批判哲学不满意之处在于：第一，康德同时把"自我"和"物自体"确立为知识的根据，而费希特认为这是一种二元论，这必然导致康德的批判哲学体系的混乱；第二，在康德的知识论中，各种知性范畴是从传统的形式逻辑中接受过来并分门别类地罗列在一起的，因此康德的知识学并不是一个连贯一致的体系。费希特决心取消康德在知识根据上的二元论，代之以理性的绝对主体——自我，并力图以自我为原则推演出整个的知识学体系。为此，他首先通过知识学的三条基本原理阐述了作为知识根据的"自我"的一般行动规律，建立了自我行动的辩证法，阐明了一切知识综合活动的一般规律。以此为基础，他推演出理论知识学和实践知识学，形成了其知识学体系。但是，由于费希特的自我行动的辩证法的不彻底性，以及他仍然没能够实现自我与非我在本质上的同一，所以，他的知识学仍然只是"自我"的主观推演形式，而不是主观与客观统一的真理的逻辑。

从原则上确立主观与客观的统一，进而真正在原则上超越了康德哲

---

① 邹化政：《〈人类理解论〉研究》，人民出版社 1987 年版，第 19 页。

学和费希特哲学的，是弗里德里希·威廉·约瑟夫·谢林的"同一"哲学。

三　谢林的内涵逻辑与直观辩证法

谢林关于认识必然性的哲学探讨主要集中于他在 1800 年发表的《先验唯心论体系》一书中，在该书的导言部分谢林就开宗明义地提出了自己的"认识论"的基本原则："一切知识都以客观东西和主观东西的一致为基础。因为人们认识的只是真实的东西；而真理普遍认定是在于表象同其对象一致。"[①] 谢林在这里表明，只要我们认定认识能够是真实的，那么必定要承诺表象同对象的一致、主观同客观的一致、思维同存在的一致。由此，与费希特相区别的是，谢林从认识的真理性出发直接推论出其根据必然是主观与客观、思维与存在的同一。因此，要确立认识的真理性，就是要说明这种同一是如何可能的。谢林认为，要说明这种同一，需要两门科学，既自然哲学和先验哲学。自然哲学的课题是把客观的东西当作依据，并从中引出主观的东西来，从而证明二者在客观中的统一；先验哲学的课题是把主观的东西当作依据，并从中引出客观的东西来，从而证明二者在主观中的同一。自然哲学这个课题的完成需要自然科学的努力，因为自然科学正是从自然出发而趋向理智的。"自然科学的最高成就应当是把一切自然规律完全精神化，化为直观和思维的规律。现象（质料的东西）必须完全消逝，而只留下规律（形式的东西）。由此可见，规律性的东西在自然本身显露得愈多，掩盖它的东西就愈是消失不见，现象本身就愈益精神化，最后也就全然不复存在了。"[②] 先验哲学的课题则应当成为哲学本身的任务，哲学应当阐明主观如何产生客观，并且在意识中达到二者的统一，《先验唯心论体

---

① ［德］谢林：《先验唯心论体系》，梁志学、石泉译，商务印书馆 1976 年版，第 6 页。

② ［德］谢林：《先验唯心论体系》，梁志学、石泉译，商务印书馆 1977 年版，第 7 页。

系》一书就是以完成这个任务为宗旨。

谢林认为，先验哲学必须说明从主观的东西出发如何能在意识内达到主客体的统一，而要说明这个问题就必须在其最高原理中结合以下两个基本观念：我们的表象是和世界的事物是一致的，事物中根本没有什么与我们的表象不同的东西；从我们内心自由产生的表象，能够从思想世界过渡到现实世界，并能得到客观实在性。前一个观念是关于客观经验的可能性问题，属于理论哲学探讨的对象；后一个观念是客观世界如何与表象相一致的问题，属于实践哲学探讨的对象。理论哲学与实践哲学的基本观念是相互矛盾的，必须把二者统一起来，同时认定表象以对象为准并且对象以表象为准。谢林指出，只有承诺在观念世界和现实世界之间存在着一种预定的和谐，从而使自然界的无意识的创造活动与我们的观念中的有意识的创造活动在本质上是同一的，才能把理论哲学与实践哲学统一起来。在此基础上，只有在我们的主观内、在意识内"指明"自然界的无意识的创造活动与意志中的有意识的创造活动的统一时，先验哲学才是完成的。谢林认为，这只能通过艺术的美感活动来实现，因此，艺术哲学才是整个知识大厦的"拱顶石"。

谢林以对直观辩证发展运动的阐释为基础建立起了整个唯心论哲学体系。在他看来，自我的活动乃是一种创造性的知识活动，这种知识活动是一种创造对象并同时在创造过程中直观这种创造过程的活动，是一种直观活动。这种直观活动自身的不断分化统一的发展构成了先验哲学中主观的东西同客观的东西在意识中统一起来的动力与根据，也就是具有必然性的认识形成的动力与根据。从这个意义上说，谢林构建了自我直观活动发展的辩证法，从而阐明了知识形成的一般必然性进程，建立了以直观活动为基础的内涵逻辑。

（一）谢林哲学的原则

谢林哲学的原则，是客观和主观的绝对同一性。谢林认为，一切认识都以主观的东西和客观的东西的一致为基础，因而，认识的真理性根据就在于表象与对象的一致。谢林认为，说明这种一致应当是哲学的首要课题。主观与客观、表象与对象的一致以两种方式表现出来，在理论活动中，理论的真理性在于它必须如实地揭示客观的东西，因此它应当以客观的东西为准，表象必须与客体趋于一致；在意志的实践活动中，为了使观念性的东西获得实在性，客观的东西必须与主观的东西趋于一致，客体必须与我们内心的表象趋于一致。于是，主观和客观的绝对同一性就分别体现为认识活动中的客观世界支配主观世界以及主观世界支配客观世界。客观世界支配主观世界是说：在认识活动中，形成观念的表象是由客观的事物所决定的，它要以它的客观对象为准；主观世界支配客观世界是说：在实践活动中，客观的东西被我们内心自由作出的表象所决定，它要以我们的表象为准。理论活动和实践活动的原则是矛盾的，要得到理论的确定性，就必然丧失实践的确定性；要得到实践的确定性，就必然丧失理论的确定性。因此，哲学的最高任务就在于把这两个原则结合起来，同时获得理论和实践的确定性，在于回答"如何能把表象认作是以对象为准的同时又把对象认作是以表象为准的问题"①。

谢林认为，以费希特的自我为原则回答不了这一问题。费希特的自我之不断设定和统一对立面的行动是以非我的"阻挡"为前提的，这样一来，这个自我就是有条件的，也就不成其为作为原则的绝对的自我。以"自在之物"为根据也无法说明这个问题，因为，如果以"自在之物"为出发点，便无法说明客观世界为何要以我们的表象为准这一问题了。谢林还指出，像康德那样同时以"自我"和"物自体"为根据也是不可行的。他认为，按照康德的办法，既无法说明从对象到表象的转化，也无法说明从表象到对象的变化，因而理论的确定性和实践的确定性都无法获得。

谢林认为，作为哲学的最高原则的，是存在和思维、客体和主体、无意识的东西和有意识的东西、观念的东西和实在的东西的绝对同一。

---

① ［德］谢林：《先验唯心论体系》，梁志学、石泉译，商务印书馆 1977 年版，第14 页。

他强调:"这种更高的东西本身既不能是主体,也不能是客体,更不能同时是这两者,而只能是绝对的同一性。"① 通过这个绝对的同一性,谢林表明:不论是主体还是客体,都不具有独立自存的意义,它们的根据在于它们的同一性,这个绝对的同一性就是绝对理性。"理性既不是主体,也不是客体,而是这两者的'绝对无差别',是根本排斥其对立和差别的,而主体和客体只有在这种理性里才能有真实的存在和真实的规定。"②

谢林把存在和思维、客体和主体的绝对同一确立为哲学的最高原则,从而就在本质上设定了二者的同一性。作为哲学原则的这个绝对同一,还只是直接的、无意识的同一,它还需要哲学上的阐明,从而实现它在意识中的同一,这就是谢林的先验哲学体系的任务。有了绝对同一性为基础,主体通过自身的创造性直观活动和反思行动所形成的知识体系,就不再只具有主观的形式上的意义,而是具有客观内容与主观形式相统一的真理了。黑格尔高度评价了谢林的哲学体系,那最有意义的,或者从哲学来看唯一有意义的超出费希特哲学的工作,最后由谢林完成了③。其原因在于,谢林的哲学从原则上超越了费希特,"同一性的原则是谢林的全部体系的绝对原则"④。

正是由于主体和客体的绝对同一性作为原则,因此在谢林的哲学体系中就把主体和客体同时设置为主体—客体。只有在客体同时被设定为主体—客体的前提下,主体作为主体—客体才不仅仅是主观的形式,同时它也具有客观性的内容。黑格尔认为,在费希特的"自我"原则中,所缺乏的恰恰就是这一个环节。谢林的哲学以思维和存在、主体和客体的绝对同一性为原则,其体系的具体内容就是展开和证明这

---

① [德]谢林:《先验唯心论体系》,梁志学、石泉译,商务印书馆 1977 年版,第250 页。

② 杨祖陶:《德国古典哲学逻辑进程》,武汉大学出版社 2003 年版,第 152 页。

③ 参见[德]黑格尔《哲学史讲演录》第四卷,贺麟、王太庆译,商务印书馆 1978 年版,第 340 页。

④ [德]黑格尔:《费希特与谢林哲学体系的差别》,宋祖良、程志民译,商务印书馆 1994 年版,第 66 页。

个原则，亦即展开和证明主体作为主体—客体和客体作为主体—客体的统一。谢林认为，要完成这个任务，就必须有两门科学：自然哲学和先验哲学。自然哲学从客体出发达到主体，从而证明客体作为主体—客体；先验哲学从主体出发到达客体，从而证明主体作为主体—客体。两门科学的紧密衔接就构成了对同一性原则的展开和证明。由于先验哲学构成了从主观的意识统一性出发达到对客体认识的一般进程，它阐明了我们对客观事物的认识是如何可能的，在这个意义上它就为我们提供了关于认识真理性的逻辑，也就是内容必然性与形式必然性相统一的内涵逻辑。

（二）作为谢林"内涵逻辑"的先验哲学

在《先验唯心论体系》一书的导言中，谢林确立了先验哲学的最高任务："回答如何能把表象认作是以对象为准的同时又把对象认作是以表象为准的问题。"① 而要回答这一问题，需要理论哲学、实践哲学以及"艺术哲学"的努力。理论哲学回答"如何能把表象认作是以对象为准的"问题；实践哲学回答如何"把对象认作是以表象为准的"问题；此外，艺术哲学回答如何在艺术的美感直观活动中确立二者的统一。在开始先验哲学体系各个部分的阐述之前，谢林首先确立了先验哲学的原理。谢林从知识的经过中介的汇合活动出发，推论出一切知识的原理，同时也是先验哲学的原理。

由于任何知识的活动都是形式与内容相统一的行动，"因此，哲学的原理必须是这样一个原理，在这个原理中内容为形式所制约，而形式反过来又为内容所制约，并且，不是单单一方把另一方作为自己的前提，而是双方互为前提"②。同时，这个原理也必须是无条件的，但是只有形式逻辑中的同一律 A = A 才是无条件的，只不过这里还不包含客观的东西和主观的东西的汇合，只有综合命题才包含这样的综合。因

---

① ［德］谢林：《先验唯心论体系》，梁志学、石泉译，商务印书馆1976年版，第15页。
② ［德］谢林：《先验唯心论体系》，梁志学、石泉译，商务印书馆1976年版，第27页。

此，这个命题又应当是综合的。但是，这又违背了原理的无条件的前提。谢林认为："这一矛盾似乎只能这样来解决：找到某一个点，在这一个点内同一的东西和综合的东西是同一个东西；或者找到某一个命题，这一命题在其是同一的时候，同时也是综合的，在其是综合的时候，同时也是同一的。"① 谢林认为，这个点就是客体及其概念、对象及其表象原本绝对同一的那个点，也就是主体和客体直接同一的那个点，就是人的自我意识。因为，"主体和客体的那种直接的同一性只能存在于被表象的东西同时也是作表象的东西、被直观的东西同时也是进行直观的东西的地方。但因被表象的东西同作表象的东西的这种同一性只是在自我意识中才存在，因此所要找的那一点就在自我意识内找到了"②。由此，谢林确定了先验哲学的原理——自我意识。自我意识本身是一种活动，只有在活动中，思维的主体和客体才是同一个东西。自我意识是思维的活动，而思维的活动就是概念，因此，自我意识通过活动带给我们的概念，就是自我。这个自我，就是纯粹的思维活动，离开了思维活动，它也就不是变自身为自己对象的知识的起点了。

谢林认为，自我的活动，乃是一种自由的创造性的知识活动，"这种知识活动的对象不是独立于这种知识活动而存在着，因此，这种知识活动是一种同时创造自己的对象的知识活动，是一种总是自由地进行创造的直观，在这种直观中，创造者和被创造者是同一个东西"③。谢林把这种直观与感性直观区别开来，称之为理智直观，从而也把自我的活动归结为理智直观。正因为如此，他就把理智直观视为先验哲学的思维方式："理智直观是一切先验思维的官能。因为先验思维的目标正在于通过自由使那种本非对象的东西成为自己的对象；先验思维以一种既创

① ［德］谢林：《先验唯心论体系》，梁志学、石泉译，商务印书馆 1976 年版，第 30 页。
② ［德］谢林：《先验唯心论体系》，梁志学、石泉译，商务印书馆 1976 年版，第 32 页。
③ ［德］谢林：《先验唯心论体系》，梁志学、石泉译，商务印书馆 1976 年版，第 37 页。

造一定的精神行动同时又直观这种行动的能力为前提，知识对象的创造和直观本身绝对是一个东西，而这种能力也正是理智直观的能力。""作先验哲学思维必须经常伴随以理智直观"，"没有理智直观，哲学思维本身就没有什么基础，没有什么承担和支持思维活动的东西；在先验思维里取代客观世界，仿佛能使思辨展翅翱翔的东西，正是这种直观。""没有理智直观，一切哲学也都会是绝对不可理解的。"①

谢林认为，作为先验哲学的最高原理的自我的创造性直观活动可以用形式逻辑的同一性命题来表示，即自我 = 自我。前面的"自我"是创造性的自我，后面的"自我"是被创造的自我。因此，这个命题不是一个同一性的命题，而是一个综合性的命题。由自我 = 自我这个命题，A = A 就变成了综合命题，而它就是从综合知识产生出同一知识、从同一知识产生出综合知识的全部知识的起点。作为起点，它既给知识的形式奠定基础，同时又给知识的内容奠定基础，这样作为知识的原则，知识的内容和知识的形式就有了共同的基础，因而二者统一的必然性也就被建立起来了。

1. 理论哲学体系

在理论哲学中，谢林把意识的发展划分为三个时期。第一个时期是"从原始感觉到创造性直观"，其课题是"说明自我怎样得以直观它自身为受到限定的"和"说明自我怎样直观到它自身是进行感觉的"。谢林是通过感觉的机制来说明自我是怎样直观到它自身为受到限定的。与费希特把自我所受到的阻碍当作感觉形成的一个关键因素不同，谢林力图从自我的行动本身推出感觉。谢林认为，在自我中同时存在着限制和受限制的运动，"自我 = 某种行动，在这种行动内有两种对立的活动，一种活动是被限制的，正因为这样，限制是不依赖于这种活动的；一种活动是作限制的，正因为如此，就是不可限制的"②。感觉无非就是自

---

① ［德］谢林：《先验唯心论体系》，梁志学、石泉译，商务印书馆 1976 年版，第 38 页。

② ［德］谢林：《先验唯心论体系》，梁志学、石泉译，商务印书馆 1976 年版，第 61 页。

我在有限制状态内的自我直观,"感觉的实在性的基础是自我不把被感
觉的东西直观为通过自我建立的。被感觉的东西之为被感觉的东西,只
是就自我把它直观成不是通过自我所建立的东西来说的"①。自我把它
自身直观为受限定的,这就是感觉。不过,自我只有在自身中包含着一
种超越界限的活动,它才能够直观到自身的受限定状态。自我之所以是
进行感觉的,就在于它同时也是一种超越界限的活动。因此,由受限定
的活动和超越界限的活动的辩证统一,谢林确定自我一定会直观到它自
身是进行感觉的。直观自己的受限定的活动和超越限定的活动是互相对
立的两种活动,这两种活动只有通过第三种活动才能结合起来。这第三
种活动是一种对直观的直观,是一种"第二级次"的直观活动,谢林称
之为创造性直观。创造性直观是自我通向理智的第一步,"只有创造性
直观才把原初的界限移到观念活动里来"②。通过创造性直观,自我就
上升到理智自我的高度,这个理智的自我就是在自身之内有自在之物的
自我。这样,自我意识的发展就进入第二个时期,即"从创造性的直观
到反思"。这个时期的课题是"说明自我怎样得以直观它自身为创造性
的"。谢林认为,自我要实现这一点,必须把自己同自己的创造性的活
动区分开来。自己同自己的创造性活动的区分就是"复合的直观"同
"单纯的直观"之间的区分。"单纯的直观活动只是把自我本身当作对
象,复合的直观活动则同时把自我和事物都当作对象,正因为如此,复
合的直观活动就部分地超越了界限。"③ "超越界限的直观,同时也超越
自我本身,并在这种情况下表现为外在直观。单纯的直观活动仍然在自
我内部,在这种情况下,可以叫做内在直观。"④ 因此,要说明自我是

---

① 〔德〕谢林:《先验唯心论体系》,梁志学、石泉译,商务印书馆 1976 年版,第
78 页。

② 〔德〕谢林:《先验唯心论体系》,梁志学、石泉译,商务印书馆 1976 年版,第
103 页。

③ 〔德〕谢林:《先验唯心论体系》,梁志学、石泉译,商务印书馆 1976 年版,第
135 页。

④ 〔德〕谢林:《先验唯心论体系》,梁志学、石泉译,商务印书馆 1976 年版,第
136 页。

怎样直观到它自身是进行创造的，就是要说明内在直观和外在直观的区分与关联。谢林认为，二者关联的根据就在于：内在智能（直观）作为真正能动的、作构造活动的本原直接参与外在直观。在此基础上继续进行推理，自我怎样直观到它自身的创造性这一问题，就转变为"自我何以会把它自己作为有意识地进行感觉的自我变为对象"。谢林认为，这只有通过时间才能成为可能。"因为，自我把对象同它自己对立起来时，它就看到出现了自我感觉，就是说，它作为纯粹的内涵，作为只能向一个维扩展而现在是向一点集结的活动，变成了自己的对象，而正是这一仅仅向一个维扩展的活动，当其变自身为对象时，就是时间。时间并不是某种不依赖于自我而流逝的东西，恰恰相反，从活动上来看，自我本身就是时间。"① 因此，内在智能借以变自身为对象的直观是时间。与此相应，外在智能借以变自身为对象的直观是空间。这样，通过时间和空间，自我构造起自己的对象。在自我构造自己对象的直观活动中，内在智能和外在智能是相互限制的。在对象中，时间和空间是同时产生的。"谢林正是借助于时间的内涵性和空间的外延性而把直观区分为内在直观和外在直观两种形式，并以此推演出直观的内在职能和外在职能、偶性和实体等形式和范畴。这些区分不仅使自我直观到自身与对象的区别，而且还使一般创造活动过渡到自由的反思活动。如果说在第一时期主客开始区分，那么在第二时期，这种区分的交互作用就已经被直观到，自我既是观念的又是现实的。"② 这种交互作用是通过有机体实现出来的。第三个时期是"从反思到绝对意志"，所要回答的问题是理智怎样得以在自身之外直观对象。谢林认为，这就要经过抽象的作用。"如果我们的有机体没有通过一种特别的抽象和我们区分开，即使在外在事物与我们分离以后，我们通常也完全不是在我们之外直观我们的有机体，同样，如果不经过原初的抽象，我们也可以不把对象视为是和我

---

① ［德］谢林：《先验唯心论体系》，梁志学、石泉译，商务印书馆 1976 年版，第 143、144 页。

② 谢地坤：《从原始直观到天才直观——谢林〈先验唯心论体系〉之解读》，《云南大学学报》（社会科学版）2004 年第 1 期。

们不同。因此，对象似乎离开灵魂而进入我们之外的空间，这一般只有通过概念和产物、即主观的东西和客观的东西的分离，才是可能的。"①通过抽象作用，概念就同对象初次区分开来，自我的这种行动，我们称之为判断。在判断中，概念和对象彼此对立又相互关联，这种关联只有通过直观的一种特定的形式才是可能的，这种特定的直观形式就是范式化。谢林认为，这里面所谈到的抽象还是一种经验的抽象，它是以一种更高的抽象能力为前提的，这种更高的抽象能力就是先验抽象，它是一切判断的基础。这样，自我就通过抽象而摆脱直观，从而进入意识。

通过对理论哲学体系中自我意识在三个时期的发展，谢林阐述了自我如何创造自身的对象，并如何在自身中直观自身的创造活动与对象，进而通过抽象作用达到意识的一般过程。在自我意识发展的过程中，直观一直是自我创造性活动的方式和动力，正是通过直观形式的不断运动和发展，自我才逐步由自己的创造活动进展到对自身的意识。

2. 实践哲学体系

在理论哲学体系的终点，自我由于意识到先验抽象，从而使自己自为地超越一切对象之上，把自己确认为理智成为可能。由于此时自我已经不再可能用理智的行动来解释，因此我们就由此进入实践哲学领域。在实践哲学中，自我是通过意志活动来确证自身的。"理智的那种自我决定就是最广义的意志活动"②，"只有在意志活动中，自我的自我直观才被提到较高的级次，因为通过意志活动，自我作为它所是的整体，即同时作为主体和客体，或作为创造者，变成了自己的对象"③。实践哲学的三条原理分别为：（1）绝对的抽象，即意识的开端，只能从理智的自我决定或理智自己对自己的行动得到解释；（2）理智的自我决定的活

① ［德］谢林：《先验唯心论体系》，梁志学、石泉译，商务印书馆1976年版，第186页。

② ［德］谢林：《先验唯心论体系》，梁志学、石泉译，商务印书馆1976年版，第212页。

③ ［德］谢林：《先验唯心论体系》，梁志学、石泉译，商务印书馆1976年版，第213页。

动或理智自己对自己的自由行动，只能由这种理智之外的一种理智的特定行动得到解释；（3）意志活动原初必然是以一种外在对象为目标。第一条原理着重解答理论哲学与实践哲学的共同原则，这种共同原则就是自律。第二条原理要解释自我、意志如何能够成为客观的。第三条原理给出了实践哲学的基本规定，如道德法则、自由等。

谢林的实践哲学以实践的自我为对象，目的是阐释道德世界的可能性，其中关键的问题是意志活动是不是自由的？自由与必然之间究竟是一种什么样的关系？谢林认为，只有意志具有自己的原则时，它才有可能是自由的。意志的这个原则就是"应当"这一道德命令。不过，谢林认为，这个"应当"要以一种普遍的"希求"（欲望）为根据。这样，意志的原则就不在自我之内，而是自我之外的力量，个别的意志为它所决定并通过它来自觉。这样，谢林就确立了自由与必然之间的辩证统一的关系。在他看来，"自由应该是必然，必然应该是自由"①。在自由中包含着必然，意味着"当我自信是自由地行动时，应该无意识地，即无需我的干预，产生出我没有企求过的事情来"②。也就是说，自我有意识的自由的意志活动，所实现的只是无意识的必然性活动的目标。自由和必然的统一必然通过人类的历史表现出来，"历史的主要特点在于它表现了自由与必然的统一，并且只有这种统一才使历史成为可能"③。因此，历史哲学构成了实践哲学的主要内容，"历史之于实践哲学正如自然之于理论哲学"④。

谢林认为，人类的历史就是人的有意识的行动同历史背后不能被意识到的客观必然规律不断统一的过程，这种统一的发展就是衡量历史进步的标准。人类的历史活动是一种自由的、没有任何理论预先设

---

① ［德］谢林：《先验唯心论体系》，梁志学、石泉译，商务印书馆 1976 年版，第 275 页。

② ［德］谢林：《先验唯心论体系》，梁志学、石泉译，商务印书馆 1976 年版，第 275 页。

③ ［德］谢林：《先验唯心论体系》，梁志学、石泉译，商务印书馆 1976 年版，第 274 页。

④ ［德］谢林：《先验唯心论体系》，梁志学、石泉译，商务印书馆 1976 年版，第 271 页。

计的、理想性的活动，其中的理想性是不能通过个体，而只能通过"族类"加以实现的。这样，由绵延的个体的历史行动就构成了人类的一个连续的、相继实现理想的行动过程。人类历史一贯进步的发展则只能这样来理解："个体照例进行着目中无人、突出自己的毫无规律的自由表演，而在最后却产生了合乎理性的、协调一致的东西。决定这个最后结局的，显然不是一切行动中的主观东西（如自觉的目的、意图、动机等），而是隐藏在一切行动中的客观东西，它不依赖于主观东西或自由而根据自己固有的规律产生自己要产生的东西。"①谢林认为，历史的主观自由活动与其自身的客观必然规律之间的必然统一性根据只能是绝对客观事物和绝对主观事物、有意识的东西和无意识的东西的绝对同一性，即绝对。"这种更高的东西本身就既不能是主体，也不能是客体，更不能同时是这两者，而只能是绝对的同一性，这种同一性决不包含任何二重性，并且正因为一切意识的条件都是二重性，所以它绝对不能达到意识。"②"绝对同一体"绝不会是知识的对象，而只能是行动中所假定的、信仰的对象。谢林把对这个"绝对同一体"的把握交给艺术活动中的天才直观，并最终把艺术哲学作为整个唯心论哲学体系大厦的"拱顶石"。

这样，谢林从表象是以对象为准的理论哲学开始，经过对象是以表象为准的实践哲学，最后在艺术哲学中达到了表象与对象、主体与客体的同一，从而建立了考察主体与客体、思维与存在统一的必然性进程的先验哲学体系。正是由于这一哲学体系以考察从理性的"自我"出发达到主体与客体、思维与存在统一的必然性进程为自己的任务，在一般的意义上，它就是关于客观认识发展必然性的内涵逻辑。

（三）谢林的内涵逻辑与直观的辩证法

谢林的先验哲学体系是以关于直观活动的推理为基础建立起来的。

---

① 杨祖陶：《德国古典哲学的逻辑进程》，武汉大学出版社 2003 年版，第 167 页。

② ［德］谢林：《先验唯心论体系》，梁志学、石泉译，商务印书馆 1976 年版，第 281 页。

在他看来，作为先验哲学出发点的自我的活动，本质上就是一种直观活动。这种直观活动，谢林称之为理智直观。理智直观作为一种直观活动，其特性在于在自己的创造对象的活动中直观自身。理智直观的这种特性决定了进行理智直观活动的自我具有一种原始的二重性：创造者和被创造者。这样，自我通过自身的理智直观活动被设定为主客体的同一，在自我之中，对立的环节和统一的环节同时被设定起来了。在理论哲学的第一个时期，随着自我对自己的受限制活动的自我直观，自我就达到了原始感觉阶段，在这个阶段，被感觉的东西还没有被直观为通过自我建立的，自我完全被固定在被感觉的东西里。但是，自我的这种受限制的活动是通过自我的活动确立的。因此，当自我通过活动把被感觉的东西设定在自身之内时，自我就是进行感觉的。自我是被感觉的，又是进行感觉的，这是自我在感觉阶段的自我对立。这一对立只有进行到更高级次的直观——创造性直观中才能综合起来。在创造性直观中所包含的矛盾是："为了对其自身成为进行创造的东西，自我就必须尽力超出每一个创造物。"① 由这一矛盾推动，自我就发展到反思阶段。在创造性直观阶段，"理智沉浸在它直观成和它自身完全同一的有机体里，因此，又没有达到对它自身的直观"②。只有在反思阶段，理智才脱离开一般的创造活动，进入自由反思的范围，在反思的范围内，自我才由直观创造活动进入意识对创造活动的规定。反思产生于创造活动与被创造东西的分离，也就是抽象。在内在智能和外在智能的普遍中介——时间的范式的中介作用下，就可以实现从直观的创造活动到概念范畴发展的过渡。这样，在理论哲学范围内，就实现了作为认识对象的直观创造活动与认识形式的概念范畴的统一。由此可见，在谢林的理论哲学体系中，直观创造活动的发展构成了认识对象与认识形式辩证统一的动力和根据。谢林对直观创造活动的辩证发展运动环节的系统的阐释，就是其

---

① ［德］谢林：《先验唯心论体系》，梁志学、石泉译，商务印书馆 1976 年版，第 107 页。

② ［德］谢林：《先验唯心论体系》，梁志学、石泉译，商务印书馆 1976 年版，第 178 页。

"直观"辩证法,这一辩证法构成了谢林理论哲学中由理性的"自我"出发达到认识对象与认识形式统一的必然性认识形成的基石。正是由于谢林创建了认识活动中的"直观"辩证法,他才建立起揭示认识发展一般进程的内涵逻辑。

通过对"自我"在理论活动中的直观活动的一般辩证发展过程的揭示,谢林阐明了理论活动中主体与客体、思维与存在统一的必然性根据,建立了知识发展的内涵逻辑。但是,在谢林看来,这一逻辑也只是在理论哲学范围内的直观创造活动的逻辑,它并非关于主体和客体、思维和存在的绝对同一的最高真理的逻辑。谢林认为,由于"绝对同一体"乃是主观的有意识的创造活动和客观的无意识的创造活动的"绝对无差别"的统一,因此,这个"绝对同一体"必然不能在人的意识活动中被揭示出来,只能由一种介于有意识创造活动和无意识创造活动之间的活动发现,这种活动就是艺术创造活动。对于"绝对同一体",我们只能通过艺术品创作的美感直观中加以领悟,不能通过概念的逻辑发展加以揭示。

由此看来,谢林的内涵逻辑仍然不具有真理的客观的逻辑的地位。谢林对逻辑的这种观点,与他对理性的理解是一脉相承的。谢林不把概念推理看作理性的最高的、本质性的能力,而是把直观看作理性的最高的能力。对于理性的这种观点,通过他把直观看作先验哲学的根本的思维方式已经明显地表现出来。正是由于他把直观看作理性的最高的、本质性的能力,对理性认识的最高根据的"绝对同一体"的认识只能由直观来完成,而不能通过概念的逻辑加以揭示。在这一点上,黑格尔不同意谢林的观点。在他看来,只有概念的思维才是理性思考的最高的思维。因此,对于作为理性最高原则的思维和存在的同一,应当以概念的逻辑加以推演和证明。黑格尔把自己的哲学的任务,确定为对理性作概念的、逻辑的证明和考察。黑格尔构建了概念发展的辩证法,从而建立了关于真理的概念发展的内涵逻辑。

四 "理性论"内涵逻辑的完成
——黑格尔的概念辩证法

由康德所开辟的建立理性论的内涵逻辑的道路，经由费希特和谢林从逻辑一致性以及原则上实现了进一步的发展，建立理性论的内涵逻辑的任务，最终由德国古典哲学的集大成者——黑格尔完成了。黑格尔批判地继承了以往哲学发展的成果，把以往哲学的原则作为范畴融入自己的哲学体系中，以概念范畴发展的方式建立起主体和客体、主观和客观的历史的统一，构建了概念运动发展的辩证法，从而建立起理性知识必然性基础的"理性论"的内涵逻辑。

回顾自康德以来的德国古典哲学的认识论以及与此相关的"内涵逻辑"，黑格尔认为，康德的贡献在于确立了理性的"自我"作为全部认识的原则，从而也就确认了理性的"自我"作为"内涵逻辑"的阿基米德点。但是，康德并没有彻底地贯彻这一原则，这直接导致他不能以"自我"为原则逻辑地推演出全部的知识体系，康德的各类知性范畴之间缺乏逻辑的连贯性表明了这一点。黑格尔认为，康德哲学的这一缺陷被费希特哲学所克服。费希特把揭示认识必然性的（思维与存在的同一性）哲学道路区分为独断论和唯心论，并分析了独断论道路的自相矛盾，从而把唯心论的道路确立为唯一合理的道路，从而彻底地把理性的"自我"确立为全部知识学的基础。在此基础上，费希特力图以"自我"为阿基米德点推演出全部知识，从而以逻辑必然性的方式来说明理性知识形成的必然性。不过，费希特以自我为基点所综合的"自我"（思维）与"非我"（存在）的统一只是"量"上的统一，而非质上的统一。因而，自我的综合行动仍然需要外在的"对立物"来加以推动。这样一来，自我所形成的全部知识体系就只是主观的，它与存在的客观内容的统一仍然没有得到充分的证明。黑格尔认为，谢林哲学与费希特哲学的根本区别就在于：谢林哲学从原则上设定了主体和客体、思维和存在的绝对统一，从而使认识中思维内容与思维形式的必然性统一获得了原则上的保证。不过，谢林虽然从原则上确立了思维和存在的同一，但他并没有通过概念把它推演出来。

黑格尔认为，要想超出谢林的哲学，就必须在原则上把"实体"同时设定为"主体"，只有这样，"实体"在自我发展的同时才能进行自我认识，思维和存在、主体和客体在意识内的统一才有充分的根据。由于实体即主体，实体在其历史发展过程中必然会逐步达到对自身的认识，而这一认识必然体现在人类的历史性认识成果中并随着人类认识的发展而不断发展。因而，实体的自我认识的过程，就是人类思想运动发展的过程；实体自我认识发展的逻辑，就是人类思想运动的逻辑。黑格尔把以往哲学发展的成果作为范畴融入自己的哲学体系中，通过揭示范畴之间的必然性的过渡和发展，阐明了人类思想运动的一般逻辑过程，从而建立起理性认识形成的必然性基础——理性论的内涵逻辑。

（一）先验逻辑与"同一"哲学批判

众所周知，黑格尔哲学是在批判地继承以往哲学的研究成果（尤其是自康德以来的德国古典哲学的研究成果）基础上建立起来的。在他看来，自康德以来的德国古典哲学把理性确立为形而上学的根本原则，并力图在此基础上建立起形而上学知识体系的大厦。不过，他认为，由于种种原因，这一任务并没有由这些前辈完成。黑格尔对康德、费希特、谢林哲学的批判性分析，力图指明这些哲学体系的局限性以及它们没能实现建立形而上学体系的根本原因。正是在对这些哲学体系的批判中，黑格尔确立起自己的原则，并以此为基础建立起关于知识真理性的形而上学大厦。

通过确定在认识中对象必须依照我们的知识，康德确立了理性的"自我"作为全部经验知识的基础，从而实现了所谓的认识论领域的哥白尼革命。对于康德在认识论原则上的变革，黑格尔给予了高度评价："康德哲学的观点首先是这样：思维通过他的推理作用达到了自己认识自己本身是绝对的、具体的、自由的、至高无上的。思维认识到自己是一切的一切。除了思维的权威之外更没有外在的权威；一切权威只有通过思维才有效准。所以思维是自己规定自己的，是具体的。"① "自此以后，理性独立的原则，理性的绝对自主性，便成为哲学上的普遍原则，也成为当时共信的见解。"② 在黑格尔看来，康德哲学的功绩就在于确立了思维的自己规定自己的、自由的原则，从而把认识的普遍性和必然性归因于"自我"。不过，他同时认为，作为知识根据的自我在康德这里仍然是抽象的，康德并没有从自我出发推出整个的知识体系。自我在知识形成过程中的作用在于通过综合作用形成判断，而自我的综合作用的特定形式就是范畴。康德并没有从"自我"思维活动推出这些范畴，"康德只是经验地接受这些范畴，他没有认识到它们的必然性。他没有考虑到建立统一性，并从统一性发展出差别来。他更是完全没有想到用这种方式去推演时间和空间。反之，那些范畴乃是按照它们在逻辑里面的次序，从经验里接受过来的"③。康德没有以理性的推理作用建立范畴之间的必然性和统一性的原因在于：在他看来，理性在认识无条件的事物时所陷入的矛盾是取消知识确定性的矛盾，这是由理性超越自己的认识能力去认识无限的东西所造成的，这种矛盾是理性自身的矛盾。黑格尔认为，康德指出理性在认识无限、本质时必然陷入矛盾是对的，但他只把矛盾归于心灵、思维着的本质，这是对世界的一种"温情主义"的观点。康德把理性和知性区别并对立开来，因而他也不可能通过理性的原则的能力将知性的各种规定统一起来。黑格尔把康德对于知性和理性的区分看作康德哲学的重大成果，不过他反对康德把二者对立起来的做法。黑格尔认为，以无限事物为对象的理性同以有条件事物为对象的知性并不是对立的，"如果只认理性为知性中有限的或有条件的事物的超越，则这种有限事实上将会降低其自身为一

---

① ［德］黑格尔：《哲学史讲演录》第四卷，贺麟、王太庆译，商务印书馆 1978 年版，第 256 页。

② ［德］黑格尔：《小逻辑》，贺麟译，商务印书馆 1980 年第二版，第 150 页。

③ ［德］黑格尔：《哲学史讲演录》第四卷，贺麟、王太庆译，商务印书馆 1978 年版，第 270 页。

种有限或有条件的事物，因为真正的无限并不仅仅是超越有限，而且包含有限并扬弃有限于自身内"①。黑格尔反对康德把知性和理性割裂开来，同时他也反对康德把感性和知性割裂开来。在高度评价康德通过想象力的图式所实现的从感性到知性的过渡的同时，黑格尔同时强调：康德并没有看到想象力是一个直观的、直觉的知性或知性的直观，"他没有理解到，他在这里是把两种认识结合在一起，表达了两者的自在存在。思维、知性仍保持其为一个特殊的东西，感性也仍然是一个特殊的东西，两者只是外在的、表面的方式下联合着，就像一根绳子把一块木头缠在腿上那样"②。此外，黑格尔也不同意康德关于现象物自体的区分，在他看来，把现象看作只是主观的，把物自体看作客观的、不可认识的，这无异于取消了一切认识的客观性，从而也取消了一切认识的真理性。

在黑格尔看来，康德哲学的缺陷在于现象与物自体的对立，感性、知性和理性的分裂以及由此所造成的知识的主观性与非体系性。康德哲学的缺陷在费希特的哲学中得到了一定程度的克服。黑格尔认为，费希特哲学超出康德哲学的地方在于它的体系性、一致性。"费希特哲学的最大优点和重要之点，在于指出了哲学必须是从最高原则出发，从必然性推演出一切规定的科学。其伟大之处在于指出原则的统一性，并试图从其中把意识的整个内容一贯地、科学地发展出来。"③ 这种体系性和一致性使知识范畴的发展获得了逻辑上的必然性。"费希特的哲学对于逻辑的方法至少产生了一个效果，就是说，他曾昭示人，一般的思维范畴，或通常的逻辑材料，概念，判断和推论的种类，均不能只是从事实的观察取得，或只是根据经验去处理，而必须从思维自身推演出来。如果思维能够证明什么东西是真的，如果逻辑要求提出理论证明，如果逻

---

① ［德］黑格尔：《小逻辑》，贺麟译，商务印书馆1980年第二版，第126页。
② ［德］黑格尔：《哲学史讲演录》第四卷，贺麟、王太庆译，商务印书馆1978年版，第271页。
③ ［德］黑格尔：《哲学史讲演录》第四卷，贺麟、王太庆译，商务印书馆1978年版，第311页。

辑要教人如何证明，那么，逻辑必须首先能够对它自己的特有内容加以证明，并看到它的必然性。"① 不过，黑格尔认为，费希特并没有以"自我"为原则逻辑地推演出主体和客体、主观和客观的必然性的统一，康德哲学的二元论仍然残留在其知识学体系中。就费希特的第一条原理来说，黑格尔认为："因为这个根本命题的确定性本身没有客观性、并没有有差别的内容的形式，也就是说，它与一个他物的意识相对立，所以它本身没有真理性。"② 由于第一条原理缺乏内容和差别，这就使费希特所设立的第二条原理成为必然，这个原理要提供内容和差别。黑格尔认为，在"自我设定一个非我与自我相对立"这一原理中，内容出现了，但这个内容是非我、与自我不同的他物，"这个原则中所包含的否定物仍然是某种绝对的东西"③。第三条原理中，费希特区分出自我与非我，是对二者的综合。在这个原理中，自我在自身中设定了自我与非我的相互限制。黑格尔认为，费希特的这一原理仍然没能逃离二元论，自我和非我并没有真正统一起来。在黑格尔看来，费希特没有最终克服二元论的关键在于：自我只是形式的原则，非我是差别、内容的原则，于是非我必须被承认为无条件的、自在的东西，非我的这一地位一经确立，它返回到绝对的自我意识也就无法实现了。"自我的彼岸被他规定为属于实践的自我〔的范围〕。于是非我便只落得作为自我的阻力。于是那无限前进的活动就遇到了阻力，就为阻力抵挡回去，然后它又对那阻力起反作用。由于自我设定非我，肯定的自我就必须限制其自身。尽管费希特力图解决这个矛盾，但是他仍然没有免除二元论的基本缺点。因此矛盾并没有得到解除，而那最后的东西只是一个应当、努力、展望。"④ "费希特哲学与康德哲学有同样的观点。终极的东西永远是主观

---

① ［德］黑格尔：《小逻辑》，贺麟译，商务印书馆 1980 年第二版，第 121 页。
② ［德］黑格尔：《哲学史讲演录》第四卷，贺麟、王太庆译，商务印书馆 1978 年版，第 317 页。
③ ［德］黑格尔：《哲学史讲演录》第四卷，贺麟、王太庆译，商务印书馆 1978 年版，第 317 页。
④ ［德］黑格尔：《哲学史讲演录》第四卷，贺麟、王太庆译，商务印书馆 1978 年版，第 320 页。

性,主观性被认作自在自为的东西。"① 黑格尔认为,"费希特的哲学是形式在自身内的发展(是理性在自身内得到综合,是概念和现实性的综合),特别是康德哲学的一贯的发挥","它没有超出康德哲学的基本内容"②。真正有意义的、超出康德和费希特哲学的是谢林的哲学。黑格尔认为,费希特哲学的原则的基本特征是:"主体等于客体脱离了这种同一性,而且不可能再重建这种同一性,因为差别物已经被调换为因果关系了。同一性的原则不能成为体系的原则。体系一开始形成,同一性就被放弃了。体系自身是一系列彻底的知性的有限性,这系列不能在绝对的自我直观的总体性焦点上把握最初的同一性。因此,主体等于客体变成了某种主观的东西,而且并没有成功地扬弃这种主观性,客观地设置自身。"③ 与费希特哲学的原则相区别,"同一性的原则是谢林的全部体系的绝对原则。哲学和体系同时发生,而且同一性在各部分中没有丧失,在结果中更是如此"④。黑格尔认为,谢林哲学在原则上超越了费希特哲学的根据在于:谢林在其哲学的原则中同时把主体和客体设置为主体—客体,而在费希特的原则中,只是主体被设定为主体—客体。如果主体和客体的统一只是在主体中,而不是在客体中,那么这一统一就只能是主观的、形式上的,而非客观的、内容上的。只有主体和客体同时被设定为主体—客体,主体所实现的主客统一才不仅仅是主观的、形式上的统一,才能具有客观的、内容上的根据。谢林正是从原则上设定了主体和客体的"绝对统一",从而使通过主体意识活动达到的主客统一具有了客观性,进而超越了费希特的"主观"的知识学体系。

谢林把主体和客体的绝对统一作为知识的基础,他认为,要说明这

---

① [德]黑格尔:《哲学史讲演录》第四卷,贺麟、王太庆译,商务印书馆 1978 年版,第 328 页。

② [德]黑格尔:《哲学史讲演录》第四卷,贺麟、王太庆译,商务印书馆 1978 年版,第 309 页。

③ [德]黑格尔:《费希特与谢林哲学体系的差别》,宋祖良、程志民译,商务印书馆 1994 年版,第 66 页。

④ [德]黑格尔:《费希特与谢林哲学体系的差别》,宋祖良、程志民译,商务印书馆 1994 年版,第 66 页。

种统一性就需要自然哲学和先验哲学。自然哲学把客体看作第一位的东西，力图从中推导出主观的东西；先验哲学把主体看作第一位的东西，力图从中推导出客观的东西；自然哲学和先验哲学的相互补充，构成对绝对统一原则的证明。黑格尔肯定了谢林的这一观点，"一般讲来，两个进程是很确定地表达出来了。一方面是把自然彻底地引导到主体，另一方面是把自我彻底地引导到客体"①。黑格尔对谢林哲学的原则以及其体系一般构成比较满意，指出了它超越康德和费希特哲学的重大意义。不过，他不满意谢林对绝对统一原则的推导和证明。黑格尔认为，谢林哲学的最大缺陷就在于没有以逻辑的方式对绝对统一进行推导和证明，"真正的彻底引导或推演只能采取逻辑的方式。因为逻辑方式包含着纯粹的思想。但逻辑的考察却是谢林在他的哲学阐述、发挥中所没有达到的。对主客同一的真理性的真正证明毋宁只在于这样进行，即对每一方的自身，就它的逻辑规定即它的本质的规定加以考察，从而可以获得这样的结果：主观是这样的东西，它自身必然要向客观转化，而客观是这样的东西，即它不能老停留在客观上面，它必然要使自身成为主观的东西。我们必须揭示出有限的东西即包含有矛盾在自身内，使自身成为无限的东西。这样我们就有了有限和无限的统一。通过这种步骤，就不会只是假定对立面的同一，而是在对立面自身内指出它们的真理是它们的统一，每一方面单独来看都是片面的；它们的区别使双方相互过渡，回转到统一"②。

正因为谢林没有以逻辑的方式指明对立面向同一的转化运动，黑格尔认为谢林哲学只是一般地具有主体和客体的绝对同一的观念，谢林只是把这个观念当作直接真理确立起来，"谢林的同一性原则缺乏形式、缺乏证明；他只是初步提出这个原则罢了"③。

---

① ［德］黑格尔：《哲学史讲演录》第四卷，贺麟、王太庆译，商务印书馆 1978 年版，第 309 页。
② ［德］黑格尔：《哲学史讲演录》第四卷，贺麟、王太庆译，商务印书馆 1978 年版，第 353、354 页。
③ ［德］黑格尔：《哲学史讲演录》第四卷，贺麟、王太庆译，商务印书馆 1978 年版，第 354 页。

纵观黑格尔对康德、费希特和谢林哲学的批判，我们可以发现黑格尔对于理性的一般观念。康德把具有认识无限的倾向的理性看作消极的、主观的，黑格尔不同意康德这种观点。在他看来，理性才是最高的东西，理性不是与知性的有限性相对立，而是在自身中包含这种有限性并力图超出这种有限性。作为一切认识的最高根据的理性，是主观与客观、思维与存在的统一。这一统一不仅仅是主观的、形式上的，同时也是客观的、内容上的。理性的最高本质是概念的思维，通过概念，理性能够达到对自身规定性的自我意识。因而，以考察理性认识必然性的哲学不应以直观作为工具，应当以概念为根据，通过概念发展的逻辑来揭示理性之主观和客观的统一。

黑格尔对于作为知识根据的理性的一般观念，以一个简单命题来概括，就是实体即主体。实体即主体，就是黑格尔整个形而上学体系的根本原则，以这个根本原则为基础，黑格尔构建了概念发展运动的辩证法，从而建立起绝对理念自己规定自己、自己认识自己的理性论的内涵逻辑。

（二）实体即主体——黑格尔内涵逻辑的原理

在反思以往德国古典哲学贡献与缺陷的基础上，黑格尔确立了自己形而上学体系的原则，这个原则用他自己的话来表述就是："一切问题的关键在于：不仅仅把真实的东西或真理理解和表述为实体，而且同样理解和表述为主体。"① 黑格尔以这一原则克服了康德和费希特哲学的二元论。简单地概括这个原则就是"实体即主体"。通过这一原则，认识的真理性根据被设定为存在和思维的同一，这个同一体现在："实体性自身既包含着共相（或普遍）或知识自身的直接性，也包含着存在或作为知识之对象的那种直接性。"② 实体作为知识和存在的直接同一，

---

① 〔德〕黑格尔：《精神现象学》上卷，贺麟、王玖兴译，商务印书馆 1979 年第二版，第 10 页。

② 〔德〕黑格尔：《精神现象学》上卷，贺麟、王玖兴译，商务印书馆 1979 年第二版，第 10 页。

同时为认识提供了主观上的形式的根据和客观上的内容的根据，从而把认识的形式和内容的根据统一起来，从根本上克服了康德和费希特哲学的二元论。黑格尔通过这一原则也克服了谢林哲学中真理只能直观不能思维的缺陷。实体之为主体，不是谢林意义上的无意识创造的主体，而是以自身的活动为中介，树立自己的对立面并重建自身的同一性的主体。黑格尔这样表述同时作为主体的实体，"活的实体，只当它是建立自身的运动时，或者说，只当它是自身转化与其自己之间的中介时，它才真正是个现实的存在，或换个说法也一样，它这个存在才真正是主体。实体作为主体是纯粹的简单的否定性，唯其如此，它是单一的东西分裂为二的过程或树立对立面的双重化过程，而这种过程则又是这种漠不相干的区别及其对立的否定"①。通过把实体表述为主体，并把实体作为主体的建立自身的运动表述为树立对立面并重建对立面的统一的活动，黑格尔就在实体内设定了差别以及差别统一的根据，从而超越了谢林的主体和客体的无差别统一的原则，为真理性认识的实现奠定了基础。

黑格尔的"实体即主体"的原则，同时为思维内容和思维形式的统一奠定了基础。在认识中，思维所要把握的内容，就是同时作为主体的实体通过建立自身的运动所构成的自身的本质；而思维的形式，就是主体通过对这种活动的反思所形成的对于本质的自身反映。形式不是外在地附加到内容上去的主观的东西，它就是内容自己发展自己运动中的自我规定。黑格尔极其反对把形式和内容割裂开来，他认为，"不应该把本质只理解和表述为本质，为直接的实体，或为上帝的纯粹自身直观，而同样应该把本质理解和表述为形式，具有展开了的形式的全部丰富内容。只有这样，本质才真正被理解和表达为现实的东西"②，本质在思维中的反映才具有现实性。

---

① ［德］黑格尔：《精神现象学》上卷，贺麟、王玖兴译，商务印书馆 1979 年第二版，第 11 页。

② ［德］黑格尔：《精神现象学》上卷，贺麟、王玖兴译，商务印书馆 1979 年第二版，第 12 页。

黑格尔通过"实体即主体"这一原则确立了主观和客观、思维和存在的同一，并把认识中的思维内容和思维形式切实地统一起来，从而为认识的客观真理性奠定了基础。黑格尔对认识的客观真理性的奠基，采取的是一种逻辑先在的方式，也就是说，通过"实体即主体"这一原则，黑格尔首先就从逻辑上承诺了思维与存在相统一的可能性、必然性和现实性，同时当然也就承诺了客观真理性认识的存在。邹化政在《黑格尔哲学统观》一书中曾经中肯地指出，"我们必须从逻辑先在性的观念出发，去理解黑格尔整个哲学体系"①。笔者认为，作为黑格尔整个哲学体系的原则，"实体即主体"恰恰是以逻辑先在的方式奠定了认识的客观真理性基础。这里有必要对逻辑先在加以简单的解释。所谓的"逻辑先在"是与"时间先在"相对应而提出的。"时间先在"指的是事物在时间序列中的先后顺序，"是指在时间一维性的意义上，何种事物是在先的"②。"逻辑先在"所表明的是事物在逻辑意义上的先后顺序，它所指的是事物在"逻辑"上的优先地位，是指在"逻辑"上的"先在性"。关于"时间先在"和"逻辑先在"的区别，孙正聿曾以地球与人的关系为例，加以通俗易懂的解释。"在时间的意义上，地球对人类具有'先在性'，但是，'人'作为认识的'主体'，'地球'作为认识的'客体'，在这种'主体'与'客体'的关系中，'主体'对'客体'却具有逻辑上的'先在性'。就是说，只有'我'的'逻辑'上的'先在'，才能在'我'的意识中构成'我'与对象的逻辑关系。"③

通过对逻辑先在性的简单阐释，我们可以看出，黑格尔的"实体即主体"的原则对于认识的客观真理性就是逻辑上先在的。没有"实体"和"主体"的直接的、自在意义上的同一，也就不可能有二者在人类认识中的间接的、自为意义上的同一，从而也就根本不可能存在具有客观

---

① 邹化政：《黑格尔哲学统观》，吉林人民出版社1991年版，第87页。
② 孙正聿：《孙正聿哲学文集》第七卷，吉林人民出版社2007年版，第42页。
③ 孙正聿：《孙正聿哲学文集》第七卷，吉林人民出版社2007年版，第42页。

真理性的认识。黑格尔所说的实体—主体，就是他的哲学体系的最高根据和最后终点，即"绝对理念"。"所谓'绝对理念'的逻辑先在性，是指思维和存在所服从的同一规律，它首先自在地内蕴于人类思维和客观事物之中，不管人类思维是否自觉到自己的以及事物的本性，它们的本性都是存在的并且是统一的。"① 黑格尔的同时作为实体和主体的"绝对理念"，是他论证认识客观真理性的必然前提，这个前提不能以推理的方式推导出来，只能是随着客观真理性认识的确定被直接地断定。因此，黑格尔对其哲学体系的根本原则的确立，乃是他的"本体论承诺"。

通过"实体即主体"这一原则，黑格尔以逻辑先在的方式承诺了主体和客体、思维和存在的统一，从而也承诺了客观真理的现实存在。不过，黑格尔并不认为实体和主体的"原始的"或"直接的"统一就是绝对的真理。在他看来，"开端、原则或绝对，最初直接说出来时只是个共相"②。黑格尔把作为主体的实体规定为简单的否定性，规定为单一的东西分裂为二并重建自身同一性的过程。这样一来，主体和客体的直接的同一性就必须通过实体—主体的自身的树立对立面并不断统一对立面的活动加以证明。黑格尔认为，"唯有这种正在重建其自身同一性或在他物中的自身反映，才是绝对的真理，而原始的或直接的统一性，就其本身而言，则不是绝对的真理。真理就是它自己的完成过程，就是这样一个圆圈，预悬它的终点为目的并以它的终点为起点，而且只当它实现了并达到了它的终点它才是现实的"③；"真理是全体。但全体只是通过自身发展而达于完满的那种本质。关于绝对，我们可以说，它本质上是个结果，它只有到终点才真正成为它之所以为它；而它的本性恰恰就在这里，因为按照它的本性，它是现实、主体或自我形成"④。实体—主体

_____

① 孙正聿：《孙正聿哲学文集》第七卷，吉林人民出版社 2007 年版，第 42 页。
② [德] 黑格尔：《精神现象学》上卷，贺麟、王玖兴译，商务印书馆 1979 年第二版，第 12 页。
③ [德] 黑格尔：《精神现象学》上卷，贺麟、王玖兴译，商务印书馆 1979 年第二版，第 11 页。
④ [德] 黑格尔：《精神现象学》上卷，贺麟、王玖兴译，商务印书馆 1979 年第二版，第 12 页。

之所以能从原始的、直接的同一性进展到间接的、具体的同一性，在于它以自身的否定的同一性活动为中介。中介是黑格尔哲学中的一个十分重要的概念，它是"绝对理念"从自在的、直接的主客体统一进展到自为的、间接的主客体统一的关键环节。"绝对理念"这一进展之客观必然性在于："中介不是别的，只是运动着的自我同一，换句话说，它是自身反映，自为存在着的自我的环节，纯粹的否定性，或就其自身而言，它是单纯的形成过程"，"正是这个反映，使真理成为发展出来的结果，而同时却又将结果与其形成过程之间的对立予以扬弃；因为这个形成过程同样也是单一的，因为它与真理的形式（真理在结果中表现为单一的）没有区别，它毋宁就是这个返回于单一性的返回过程"。①

通过"绝对理念"的自身反映活动，黑格尔建立起了"绝对理念"从自在到自为、从潜在到现实的过渡环节，从而把关于真理的认识活动表述为自己发展自己、自己反映自己的"圆圈式"的运动。这种自身反映活动，是一种"纯粹的否定性"的活动，又是一种"运动中的自身同一"的活动。也就是说，"真正地展开开端的活动固然是对开端的一种肯定的行动，同时却也是对它的一种否定的行动，即否定它才是直接的或仅仅才是目的这个片面性"②。绝对理念这种通过否定性达到运动中的自身同一的活动就是它的辩证运动。在黑格尔看来，思辨的、辩证的一般特征，就在于从对立面的统一中把握对立面或者在否定中把握肯定的东西。而他所承诺的作为原则的实体——主体恰恰是这种思辨的、辩证的东西。由此我们可以看出，黑格尔通过"实体即主体"这一本体论承诺，不仅仅把真理规定为自我发展、自我反映，而且规定为在他物中的、辩证的自我反映。这样一来，对于真理的认识就不能通过坚持肯定与否定对立的形式逻辑来实现，而只能通过内容从自身过渡到他物并在他物中自身反映的辩证逻辑来实现。这种内容自己发展自己、自己规定

---

① ［德］黑格尔：《精神现象学》上卷，贺麟、王玖兴译，商务印书馆1979年第二版，第12、13页。

② ［德］黑格尔：《精神现象学》上卷，贺麟、王玖兴译，商务印书馆1979年第二版，第15页。

自己的逻辑，是内容在发展自身过程中同时产生自己形式的逻辑，是思维内容与思维形式相统一的内涵逻辑。由此，黑格尔也把认识真理的思维方式规定为在对立面的统一中把握对立面的思辨思维，"这种思辨思维特有的普遍形式，就是概念"①，因此，概念思维是认识真理的思维方式，概念发展的必然性就是内容发展的必然性，概念发展的逻辑就是真理的逻辑。这样，黑格尔把对真理的认识归结为建立概念发展的内涵逻辑。

（三）人类思想运动的逻辑——黑格尔内涵逻辑的表现形态

黑格尔把自己所创立的概念发展的逻辑与传统的形式逻辑严格地区分开来，以确立其作为客观的真理的逻辑。黑格尔认为，传统的形式逻辑乃是一种空洞无物的、与思维内容相分离的逻辑。这种逻辑把认识内容假定为在思维之外自在存在的现成的东西，同时它也把思维本身看作空的、主观的、从外面添加给思维内容的形式。这样一来，逻辑就仅仅是关于思维的抽象的、主观的形式规则，它并不能深入内容，把内容的内在联系揭示出来，因而也只能具有主观上的、形式上的意义，不能成为客观上的真理的逻辑。这种逻辑的作用除了使人仅仅熟悉形式思维的活动之外，并不能给我们带来任何新东西，在这种逻辑中，逻辑的东西成了无生命的枯骨和僵死的形式。黑格尔强烈反对传统形式逻辑的逻辑无思维内容观点，他认为，逻辑不深入思维内容而只教导人们思维的规则这种说法本身就是不妥当的，"因为思维与思维规则既然是逻辑的对象，那么，逻辑在它们那里就也直接有逻辑的独特内容；逻辑在它们那里也有知识的第二组成分，即质料，逻辑对这种质料的状态是关切的"②。

与传统形式逻辑只把思维的脱离内容的形式为对象不同，黑格尔把逻辑学的对象定义为思维本身。"逻辑学是研究纯粹理念的科学，所谓纯粹理念就是思维的最抽象的要素所形成的理念"，"理念并不是形式的

---

① ［德］黑格尔：《小逻辑》，贺麟译，商务印书馆1980年第二版，第48、49页。
② ［德］黑格尔：《小逻辑》，贺麟译，商务印书馆1980年第二版，第24页。

思维，而是思维的特有规定和规律自身发展而成的全体，这些规定和规律，乃是思维自身给予的，决不是已经存在于外面的现成的事物"①。黑格尔认为，作为他的逻辑学对象的思维、纯粹理念、概念，不仅是主观思维的规定，而且是存在的规定，它是主观思维与客观存在两者的本质和基础。概念是事物本身之中的共相，是现象之中真正"长在的"和"实质的"东西，"是对象的核心与命脉，正像它是主观思维本身的核心与命脉那样"②，它是"存在着的东西的理性，是带着事物之名的东西的真理"③。黑格尔把作为逻辑学的对象的思维、理念看作形式与内容的统一体，这个统一体又同时是现实事物的本质，这样，他就把关于思维的学说的逻辑学与关于存在的学说的本体论统一起来。正如他自己所说，"思想，按照这样的规定，可以叫做客观的思想，甚至那些最初在普通形式逻辑里惯于只当作被意识了的思维形式，也可以算作客观的形式。因此逻辑学便与形而上学合流了。形而上学是研究思想所把握住的事物的科学，而思想是能够表达事物的本质性的"④。

黑格尔不仅把逻辑学同本体论统一起来，他还进一步把逻辑学与认识论统一起来。黑格尔所说的本体乃是能够在他物中自身反映的实体——主体，是能够在自我发展过程中达到自我规定、自我认识的理念，因此，黑格尔的本体论就是关于实体——主体的自我发展、自我规定和自我认识的学说。黑格尔的逻辑学是关于思维运动发展规律的学说，而思维发展运动的规律，无非是作为实体——主体的本质和灵魂的概念的运动发展规律。因此，黑格尔在逻辑学中所揭示的思维概念的一般的必然的发展，就是对客观事物发展的如实的揭示和反映，黑格尔的关于思维发展必然性进程的逻辑学，同时就是在思维中反映出来的关于客观事物的客观认识，黑格尔的认识论同逻辑学也在这里合流了。

黑格尔建立起的逻辑学，乃是与本体论、认识论相统一的科学，在

---

① ［德］黑格尔：《小逻辑》，贺麟译，商务印书馆1980年第二版，第63页。
② ［德］黑格尔：《逻辑学》上卷，杨一之译，商务印书馆1966年版，第14页。
③ ［德］黑格尔：《逻辑学》上卷，杨一之译，商务印书馆1966年版，第17页。
④ ［德］黑格尔：《小逻辑》，贺麟译，商务印书馆1980年第二版，第79页。

他看来，要想使逻辑从形式逻辑的枯骨中复活，使逻辑同时成为"内容和含蕴"，就必须使用那唯一能够使它成为纯科学的方法。黑格尔认为，这个方法只能是由内容自己产生，它只能是运动着的内容的本性，"正是内容这种自己的反思，才建立并产生内容的规定本身"①。也就是说，内容在自己运动的过程中产生了自己的形式。这种内容自己产生自己的形式的方法包含两方面的内容："一方面是方法与内容不分，另一方面是由它自己来规定自己的节奏。"② "第一方面强调方法与内容的同一性，第二方面强调方法是内容自身的不同一性或否定性方面，是内容在自我否定的运动中的运动形式或'节奏'。"③ 黑格尔认为，确立这种内容自己形成自己的形式的方法，从而使逻辑学获得科学的进展的关键在于认识这样的一个逻辑命题："否定的东西也同样是肯定的；或说，自相矛盾的东西并不消解为零，消解为抽象的无，而是基本上仅仅消解为它的特殊内容的否定；或说，这样一个否定并非全盘否定，而是自行消解的被规定事情的否定，因而是规定了的否定；于是，在结果中，本质上就包含着结果所从出的东西。""由于这个产生结果的东西，这个否定是一个规定了的否定，它就有了一个内容。它是一个新的概念，但比先行的概念更高、更丰富；因为它由于成了先行概念的否定或对立物而变得更丰富了，所以它包含着先行的概念，但又比先行概念更多一些，并且是它和它的对立物的统一。"④ 由此可见，黑格尔所谓的科学的、内容自己发展自己的方法，无非是内容在自身之内产生对立，并通过自身运动统一对立面进而发展自身规定的方法，这种方法，"正是内容在自身所具有的、推动内容前进的辩证法"⑤。

黑格尔的辩证法，乃是概念的辩证法。黑格尔认为，辩证法作为其

---

① ［德］黑格尔：《逻辑学》上卷，杨一之译，商务印书馆 1966 年版，第 17 页。
② ［德］黑格尔：《精神现象学》上卷，贺麟、王玖兴译，商务印书馆 1979 年第二版，第 39 页。
③ 杨祖陶：《德国古典哲学的逻辑进程》，武汉大学出版社 2003 年版，第 197 页。
④ ［德］黑格尔：《逻辑学》上卷，杨一之译，商务印书馆 1966 年版，第 36 页。
⑤ ［德］黑格尔：《逻辑学》上卷，杨一之译，商务印书馆 1966 年版，第 37 页。

逻辑学乃至整个哲学的方法，不是由思维附加到客观内容上的东西，它是客观的内容自己运动发展的活动方式。黑格尔高度评价较早的形而上学关于思维、概念的观念，这种观念认为，"惟有通过思维对于事物和在事物身上所知道的东西，才是事物中真正真的东西；所以真正真的东西并不是在直接性中的事物，而是事物在提高到思维的形式、作为被思维的东西的时候"①。按照这一观点，思维、概念并不是外在于对象的东西，而是事物的本质。在思维、概念与客观事物的关系上，黑格尔的观点与上面这种观点是一致的："真理是自身发展的纯粹自我意识，具有自身的形态，即：自在自为之有者就是被意识到的概念，而这样的概念也就是自在自为之有者。"② 正是在认定概念与客观事物相一致并且它是客观事物的自我反映的基础上，黑格尔把对概念的思维的考察视为其逻辑学的根本任务。

逻辑学的方法，就是作为其对象的概念的自我发展的方法，而概念的自我发展的方法就是黑格尔的概念辩证法。通过概念辩证法，黑格尔构建了其与本体论、认识论相统一的逻辑学。黑格尔的逻辑学就是概念的辩证运动发展的逻辑，这一逻辑作为对概念发展过程中认识内容与认识形式统一必然性的考察，就构成了与认识论相统一的内涵逻辑。黑格尔以概念辩证法所建立起来的内涵逻辑在人类历史的发展过程中必然表现为人类思想运动的逻辑。黑格尔的概念发展的内涵逻辑，作为客观事物的自身反映，必然能够在意识中显现出来，实现其在思维中的自我规定和自我认识，只有这样，它才能称得上是客观的真理。从人类思维的角度来看，现实的意识只能是人类的意识，因此，概念发展的逻辑只有在人类的意识中显现出来，只有人类通过自身思想运动揭示概念发展的一般进程，概念发展的整体才能确定自身的真理性。通过"实体即主体"的原则以及在此基础上的本体论、认识论和逻辑学的三种统一，黑格尔已经奠定了客观的逻辑发展进程在思维中达到自觉的必然性基础。

---

① ［德］黑格尔:《逻辑学》上卷，杨一之译，商务印书馆 1966 年版，第 26 页。
② ［德］黑格尔:《逻辑学》上卷，杨一之译，商务印书馆 1966 年版，第 31 页。

同时，在《精神现象学》一书中，黑格尔揭示了从意识与对象的最初的直接对立到"绝对的知"的前进运动，从而从意识发展的角度论证了客观真理在人类思想中达到自觉的一般进程。由此，黑格尔在其逻辑学中的任务，就是结合人类思想运动的一般发展进程来揭示作为真理的概念的逻辑的发展进程，建立真理的逻辑体系。黑格尔通过总结人类思想的历史发展过程而建立起来的人类思想运动的逻辑，就是达到了自为、自觉的客观事物的本性的反映，也就成为黑格尔所认定的客观的、真理的逻辑。

（四）内涵逻辑与概念辩证法

黑格尔内涵逻辑的研究对象，乃是概念思维的本性。在他看来，概念不是空洞的、主观的思维形式，它同时是客观事物的本质，因而本身包含着客观的内容。概念思维作为哲学的、客观思维的关键在于：思维放弃脱离形式的自由，"把这种自由沉入于内容，让内容按照它自己的本性，即按照它自己的自身而自行运动，并从而考察这种运动"①。因此，概念思维的方法不是外在的、主观添加的方法，而是"对于自己内容的内部自己运动的形式的觉识"，是思维自己构成自己的方法。这种内容自己发展自己，自己构成自己的关键在于：内容不是僵死的、无生命的内容，而是活生生的、自己运动的内容。内容的这种自己活动的特性，是黑格尔通过"实体即主体"这一原则所承诺而获得的。在黑格尔看来，实体不是像康德的"物自体"和费希特的"非我"那样，仅仅是自在的、被动的，实体自己就否定自身的抽象性、直接性，并通过这种自我否定的运动来规定自身，认识自身，这样，实体同时就是主体。概念的思维内容自己规定自己的方法的根据在于思维内容的自我活动、自我规定的特性。思维内容的自我活动、自我规定的特性源于其内在的否定性，这个内在的否定性就是所谓的"差别的内在发生"。概念由这

---

① ［德］黑格尔：《精神现象学》上卷，贺麟、王玖兴译，商务印书馆1979年第二版，第40页。

种内在的否定性而自相矛盾，从而转化为一个与自己相对立的概念；这两个对立概念的矛盾和斗争导致一个新概念的产生，这个新概念乃是第一个概念的自我提高和发展，是把两个抽象对立的概念综合于自身的更具体的概念。正是由于概念的这种内在的自我否定，概念才是自我运动的，才能从直接的、规定性较少的概念发展到间接的、规定性较多的概念，概念才能在这种否定性统一的运动中实现自我规定和自我发展。在黑格尔的哲学中，概念的内在的否定性，在它自己构成自己、自己规定和发展自己的进程中，表现为双重的否定性："一方面，思维不断地否定自己的虚无性，使自己获得越来越具体、越来越丰富的规定性，这就是思维自己建构自己的过程；另一方面，思维又不断地反思、批判、否定自己所获得的规定性，从而在更深刻的层次上重新构成自己的规定性，这又是思维自己反思自己的过程。""思维在这种双重否定的运动中，既表现为思维规定的不断丰富，实现内容上的不断充实，又表现为思想力度的不断深化，实现逻辑上的层次跃迁。"① 概念在思想运动中的思维规定的充实与逻辑层次的跃迁，就是人类思维运动的建构性与反思性、规定性与批判性、渐进性与飞跃性的辩证统一。概念的这种辩证统一的运动，就是概念自己推动自己的辩证法，就是思维（概念思维）活动的本性。黑格尔的逻辑学以思维的本性为研究对象，而思维的本性，就是概念通过自身的否定性活动发展自己的辩证运动，就是概念辩证法。因而，黑格尔逻辑学的核心内容，就是其概念辩证法。同时，由于黑格尔逻辑学的方法并不是外在于内容的方法，而是内容自己构成自己、自己发展自己的方法，概念辩证法同时也就是黑格尔逻辑学的方法。因此，在黑格尔那里，概念辩证法就是作为其逻辑学的人类思想运动的逻辑，人类思想运动的逻辑就是其概念发展的辩证法。

黑格尔以概念的内在否定性为根基构建了概念发展的辩证法，从而也就建立起了超越传统形式逻辑的内涵逻辑。同传统形式逻辑相比

---

① 孙正聿：《孙正聿哲学文集》第七卷，吉林人民出版社 2007 年版，第 45 页。

较，黑格尔所建立的概念发展的内涵逻辑的优越性在于：在概念发展的内涵逻辑中，逻辑必然性不再是一种脱离思维内容的思维形式上的必然性，而是思维形式以思维内容为根据的形式与内容相统一的必然性。在内涵逻辑中，思维形式的必然性乃是以思维内容上的必然性为根据的，因此，这种必然性就不再是空洞的、抽象的必然性，而是有内容的、具体的必然性。在黑格尔的哲学中，思维的内容不仅仅是自为的、在思想中的，而且是自在的、现实事物的本质，因此，内涵逻辑所揭示出来的必然性就不仅仅是思想发展的必然性，而且是现实事物发展的必然性，内涵逻辑所揭示的概念发展的必然性，就是客观事物的真理。在这个意义上，黑格尔的内涵逻辑完成了形式逻辑所不能完成的任务——为认识的客观必然性奠定基础。黑格尔的概念辩证法，作为人类思想运动的逻辑，作为认识客观必然性基础的内涵逻辑，乃是一种"理性论"的内涵逻辑。这里所说的"理性论"的内涵逻辑，是指以人类的高级认识能力——理性——为支撑点所建立起来的内涵逻辑。黑格尔的内涵逻辑的形成，完全依赖于理性的本质及其本质能力的自我展开。

自康德以来，人类的高级认识能力（理性）就被确立为认识的根据。通过对经验论的批判，康德否定了从认识对象出发确立认识客观必然性的路线，把人的认识能力确立为认识客观必然性的根据，力图从人的高级认识能力出发建立起全部知识体系，这样，理性也就被确立为一切认识的根据和发源地。康德虽然从原则上确立了理性作为认识的最终根据的地位，但他并没有将这个原则彻底地加以贯彻。在他的认识论体系中，认识内容的来源不是理性的"自我"，而是不可知的"物自体"，这样一来，康德的认识论就陷入了二元论。这个二元论导致康德直接否定理性通过推论行动自己构成自己内容的合法性，从而也导致了康德认识论的非体系性以及他对理性的逻辑的否定性观点。费希特意识到了康德的认识论的二元论和无体系的特征，力图通过理性"自我"的行动消除这种二元论，从而以逻辑推演的方式建立起整个的知识学体系。不过，由于费希特仍然把作为认识推动力的"自我"与作为认识对象的

"非我"区别开来，在他的"自我"的事实行动中，自我与非我的统一永远是一个"量"上的无限进展，无法达到质上的统一。因此，他并没有从根本上克服康德的二元论，他以"自我"的行动为根据所建立起来的知识学的逻辑体系，只落得一个主观意义上的知识的逻辑。谢林哲学通过确立主体和客体、思维和存在的"绝对同一"作为客观认识的根据，从根本上克服了康德、费希特哲学的二元论，认识不再只是主观的，同时也是客观的了。谢林虽然从原则上把认识看作客观的，他却没有以逻辑的方式把客观认识的必然性发展进程系统地揭示出来。他把直观视为理性的最高能力，因而，理性的主观与客观的绝对同一，只能通过艺术创造活动中的直观加以领悟，不能通过概念推理的逻辑加以揭示。

"理性论"的内涵逻辑最后在黑格尔的本体论、认识论和逻辑学三者统一的概念发展的辩证法中完成了。黑格尔以本体论承诺的方式确立了"实体即主体"作为客观认识的根据，不仅把理性确立为思维的本性，同时也把理性确立为客观事物的本质，理性通过自己的行动就能够实现其作为自在的本质与思维的本性在意识中的自为自觉的统一。这样一来，黑格尔不仅批判了康德和费希特哲学的"主观理性论"的观点，同时也克服了谢林哲学的"直观理性论"的缺陷，从而确立了"概念理性论"，把作为客观必然性认识根据的绝对理性确立为概念自我发展的逻辑体系，从而建立了为一切认识奠定客观必然性基础的"理性论"的内涵逻辑。

构建理性论的内涵逻辑的任务最终在黑格尔的逻辑学中完成了。在黑格尔那里，思想发展的必然性，或者说概念发展的必然性，通过本体论承诺的方式获得了客观实在的意义。因而，黑格尔的概念辩证法，或者说概念发展的内涵逻辑就成了思维与存在、主观与客观统一的"真理"的逻辑。在理性的、理论思维的意义上，黑格尔通过承诺理性本身作为最高的思维与存在的统一根据所建立起来的内涵逻辑，是"理性论"内涵逻辑的制高点。至此，以理性为根据确立知识客观必然性的哲学思考已经达到了它的必然的、不可超越的前提，即承诺思维和存在的同一。正如恩格斯所说："我们的主观的思维和客观的世界服从于同样的规律，因而两者在自己的结果中不能互相矛盾，而必须彼此一致，这个事实绝对地统治着我们的整个理论思维。它是我们的理论思维的不自觉的和无条件的前提。"①

---

① 《马克思恩格斯文集》第九卷，人民出版社 2009 年版，第 538 页。

第三章　马克思的"实践论"内涵逻辑

　　黑格尔"理性论"的内涵逻辑，是以"实体即主体"这一本体论承诺作为其基本原理。也就是说，黑格尔在其逻辑学中阐述的概念发展的有机统一体之所以能够被认定为客观事物的本质、规律、真理，是因为它已经以"逻辑先在"的方式被承诺下来。面对康德哲学和费希特哲学所造成的主体与客体、现象与物自体的分裂，黑格尔认为唯有我们在思想前提下就认定它们二者是同一的才能解决问题。黑格尔首先承诺了主体和客体、思维和存在的直接的、自在意义上的同一，之后的根本任务就是在理性的运动中实现二者间接的、具体的、自为意义上的同一。所以在黑格尔那里，哲学是一个圆圈，开始作为前提被设定下来的思存同一性，在其哲学体系完成时得到了证明。恩格斯这样评价黑格尔的哲学：在黑格尔看来，对思维和存在同一性的肯定回答是"不言而喻的"，"因为我们在现实世界中所认识的，正是这个世界的思想内容，也就是那种使世界成为绝对观念的逐步实现的东西，这个绝对观念是从来就存在的，是不依赖于世界并且先于世界而在某处存在的；但是思维能够认识那一开始就已经是思想内容的内容，这是十分明显的"，"在这里，要证明的东西已经默默包含在前提里面了"①。恩格斯对黑格尔哲学的评价可谓是一语中的，黑格尔以理性作为客观必然性认识的最后根据，就必须把理性同时确立为客观事物和思想的本质，在此基础上通过理性的思想活动所达到的认识才能真正具有客观必然性。黑格尔所承诺的思维和存在的自在的同一性，乃是黑格尔哲学的"无条件的"前提，脱离了

---

　　① 《马克思恩格斯选集》第四卷，人民出版社 2012 年版，第 231 页。

这一前提，理性就无法成为客观知识的最后根据，以理性为阿基米德点的真理的内涵逻辑就无法建立起来。

在理论思维的意义上，要确立认识的客观必然性，就必须承诺思维与存在的同一性。这似乎表明：黑格尔所建立的以"思存同一性"为前提的概念发展的内涵逻辑就是我们无法逃避的窠臼，是理性认识的最后真理。这究竟是不是我们的理性认识不可逃避的命运呢？对此，马克思对黑格尔"理性论"内涵逻辑的批判以及他在《资本论》中对资本主义社会产生、发展和必然灭亡的命运的分析给我们提供了一个否定的答案。

对于黑格尔的唯心主义哲学体系，马克思给出了这样的评价："在黑格尔的体系中有三个因素：斯宾诺莎的实体，费希特的自我意识以及前两个因素在黑格尔那里的必然的矛盾的统一，即绝对精神。第一个因素是形而上学地改了装的、脱离人的自然。第二个因素是形而上学地改了装的、脱离自然的精神。第三个因素是形而上学地改了装的以上两个因素的统一，即现实的人和现实的人类。"① 因此，黑格尔在其逻辑学中所揭示的理性通过概念的辩证运动而实现的自我发展，无非是以抽象的、逻辑的、思辨的方式表达出来的人的发展和历史。也就是说，黑格尔是把人的活生生的、通过感性对象性的历史活动所实现的人的自我发展和实现，抽象化地理解为理性的自我发展和实现。黑格尔哲学体系的最大问题就在于抽象，就在于把活生生的人的现实的历史活动抽象化为"无人身的理性"的辩证运动。

黑格尔"理性论"内涵逻辑的抽象特性，主要是由黑格尔所处的那个时代所决定的。一方面，传统哲学自笛卡尔至德国古典哲学的根本任务，就是确立理性的权威，就是要为人类的知识大厦构筑牢固的地基。黑格尔哲学从根本上完成了这一任务，从理论上论证了理性知识存在的合法性和客观必然性。另一方面，黑格尔所处的时代是资本主义社会制度确立和发展的时代，用马克思的话说，是一个"个人正在受抽象统

---

① 《马克思恩格斯文集》第一卷，人民出版社 2009 年版，第 342 页。

治"的时代。黑格尔把人的现实的历史活动抽象化为绝对理念的自我发展的逻辑运动，其根本原因在于：在资本主义时代，个人的感性对象性的活动受资本的"统治"，个人没有独立性和个性，而积累起来的抽象的劳动成果——资本在现实中起支配作用。

针对黑格尔的唯心主义立场，马克思指出，"观念的东西不外是移入人脑并在人脑中改造过的物质的东西而已"①，不是现实事物以理性的观念为摹本，而是思想观念以现实事物为自己反映的对象。因此，哲学最根本的任务不是消除思想中观念的异化，形成真理性认识，而是消除产生异化观念的现实，促进人在现实中的自我发展和解放。

在反思和批判黑格尔哲学的基础之上，马克思把人的感性对象性社会历史实践确定为思想观念的现实的基础。在此基础上，认识的真理性就不再是黑格尔意义上的思维内容与思维形式的必然性统一，认识的真理性也不再取决于理性作为人类思维的深层基础。认识总是对特定社会历史现实的认识，因此，其真理性只能来源于思想对客观历史现实的真实反映。而认识对于客观历史现实的反映是不是真实的，只能通过人们具体的社会历史实践加以检验。因此，马克思说："人的思维是否具有客观的真理性，这不是一个理论的问题，而是一个实践的问题。人应该在实践中证明自己思维的真理性，即自己思维的现实性和力量，自己思维的此岸性。关于离开实践的思维的现实性或非现实性的争论，是一个纯粹经院哲学的问题。"② 在马克思这里，思想观念的东西的真理性，不能通过其他方式来确立，只能通过人类的社会历史实践加以检验。认识的发展也不以理性的自我实现和自我认识为动力，而是以人的否定性的社会历史实践为动力，认识是人类对自己的社会历史实践活动的反映，认识发展的逻辑是反映在思想中的人类社会历史实践发展的逻辑。立足于实践观点之上，人类思想运动的逻辑就不再是"理性论"的内涵逻辑，而是以人类社会历史实践为基础的"实践论"的内涵逻辑。

---

① 马克思：《资本论》第一卷，人民出版社2004年第二版，第22页。
② 《马克思恩格斯选集》第一卷，人民出版社2012年版，第134页。

马克思"实践论"的内涵逻辑的形成,以针对黑格尔的唯心主义哲学体系的批判为前提,同时也以马克思实践论的世界观和唯物主义的历史观的建立为前提。而马克思《资本论》的发表,则标志着马克思对资本主义生产方式的形成和发展集中作出了系统阐释,它向我们揭示了资本主义作为一个有机体是如何产生、发展的,同时也指出了它必然被全新的社会组织形式取代的历史命运,从而为我们理解资本主义制度提供了一个首尾一致的知识体系。在这个意义上,《资本论》是关于资本主义制度形成与发展的内涵逻辑。同黑格尔的作为理性自我认识的逻辑相比较,马克思的关于资本主义制度的内涵逻辑可称为具体的、"应用的"逻辑,而黑格尔的概念辩证法作为一切理性认识的根据和基础,可以称之为"基础性"的逻辑。

一 黑格尔"理性论"内涵逻辑批判

作为马克思思想最为重要的思想来源,德国古典哲学,尤其是黑格尔的唯心主义哲学,是马克思最为重要的批判对象。无论是马克思的以实践为基础的新世界观的形成,还是以人的感性对象性活动的历史性开展为基础的唯物主义历史观的创立,都是以对黑格尔哲学的批判和创造性地吸收作为重要前提的,而作为马克思的具体应用的内涵逻辑的《资本论》的完成,则是以马克思的新世界观和新历史观为基础的。

从直接理论建构的意义上来说,马克思没有像康德、黑格尔那样建立起系统化的内涵逻辑,这同马克思的哲学主旨是一致的。马克思曾经指出,之前的哲学家总是力求用不同的方式去解释世界,"而问题在于改变世界"。① 马克思把自己的历史使命定位为对现存的世界进行无情的批判和改造,而非像经院哲学家那样创造一个庞大而完备的理论体系。因此,建构一个关于世界的认识发展的逻辑体系对于他来说根本不重要。不过,我们并不能因此就说马克思思想中没有内涵逻辑理论。在

---

① 《马克思恩格斯选集》第一卷,人民出版社 2012 年版,第 140 页。

批判黑格尔唯心主义哲学，尤其是其概念辩证法的基础上，马克思形成了以实践为基础的新的世界观和历史观。在此基础上，马克思以对于资本主义社会大量的经验现象的实证研究为基础，以对黑格尔辩证法的批判性改造和应用作为基本前提，完成了对于资本主义社会制度这一庞大而又复杂的有机整体的系统分析，从而给我们揭示了资本主义社会制度产生、发展的一般进程，给我们提供了理解资本主义制度并对它加以批判和改造的知识武器。马克思的"实践论"的内涵逻辑，是对于资本主义制度成因的实践论的理解，是关于人类社会特定历史时期的具体的分析和解释，在这个意义上，它构成了马克思独有的"实践论"的内涵逻辑。

马克思对黑格尔哲学及其概念辩证法的批判，集中针对其"神秘化"的和颠倒的形式。黑格尔唯心主义哲学体系的"神秘化"特征，就在于他把人类基于自身社会历史实践的现实发展，看作普遍的、客观的"绝对理念"的自我运动和自我发展，这个脱离了人类具体的社会历史实践的、自我发展着的"绝对理念"，就是马克思所批判的黑格尔的神秘的"无人身的理性"，而黑格尔的关于理性自我运动、自我发展的概念辩证法，就是"无人身的理性"的逻辑。

（一）神秘化的"无人身的理性"的逻辑

在《资本论》第二版的跋文中，马克思这样评价黑格尔的辩证法："辩证法在黑格尔手中神秘化了，但这决没有妨碍他第一个全面地有意识地叙述了辩证法的一般运动形式。在他那里，辩证法是倒立着的，必须把它倒过来，以便发现神秘外壳中的合理内核。"① 在这个评价中，包含着马克思对黑格尔辩证法的积极意义的肯定，同时也表明了马克思对黑格尔辩证法的不满之处。马克思对黑格尔辩证法不满意的地方在于：黑格尔的辩证法是"神秘化"的、"倒立着"的辩证法。揭示黑格尔辩证法"神秘化"和"倒立着"的原因，就是揭示黑格尔哲学的秘

① 马克思：《资本论》第一卷，人民出版社2004年第二版，第22页。

密。马克思认为,揭示黑格尔哲学的秘密,"必须从黑格尔的《现象学》即从黑格尔哲学的真正诞生地和秘密开始"①。"黑格尔的《哲学全书》以逻辑学,以纯粹的思辨的思想开始,而以绝对知识,以自我意识的、理解自身的哲学的或绝对的即超人的抽象精神结束,所以整整一部《哲学全书》不过是哲学精神的展开的本质,是哲学精神的自我对象化;而哲学精神不过是在它的自我异化内部通过思维理解即抽象地理解自身的、异化的宇宙精神。——逻辑学是精神的货币,是人和自然界的思辨的、思想的价值——人和自然界的同一切现实的规定性毫不相干地生成的因而是非现实的本质,——是外化的因而是从自然界和现实的人抽象出来的思维,即抽象思维。——这种抽象思维的外在性就是……自然界,就像自然界对这种抽象思维所表现的那样。自然界对抽象思维来说是外在的,是抽象思维的自我丧失;而抽象思维也是外在地把自然界作为抽象的思想来理解,然而是作为外化的抽象思维来理解。——最后,精神,这个回到自己诞生地的思维,在它终于发现自己和肯定自己是绝对知识因而是绝对的即抽象的精神之前,在它获得自己的自觉的、与自身相符合的存在之前,它作为人类学的、现象学的、心理学的、伦理的、艺术的、宗教的精神,总还不是自身。"② 黑格尔的错误首先在于:"当他把财富、国家权力等等看成同人的本质相异化的本质时,这只是就它们的思想形式而言……它们是思想本质,因而只是纯粹的即抽象的哲学思维的异化。因此,整个运动是以绝对知识结束的。这些对象从中异化出来的并以现实性自居与之对立的,恰恰是抽象的思维。哲学家——他本身是异化的人的抽象形象——把自己变成异化世界的尺度。因此,全部外化历史和外化的全部消除,不过是抽象的、绝对的思维的生产史,即逻辑的、思辨的生产史。因此,异化——它从而构成这种外化的以及这种外化之扬弃的真正意义——是自在和自为之间,意识和自

① 马克思:《1844 年经济学哲学手稿》,中共中央马克思恩格斯列宁斯大林著作编译局译,人民出版社 2000 年版,第 97 页。

② 马克思:《1844 年经济学哲学手稿》,中共中央马克思恩格斯列宁斯大林著作编译局译,人民出版社 2000 年版,第 98 页。

我意识之间、客体和主体之间的对立，就是说，是抽象的思维同感性的现实或现实的感性在思想本身范围内的对立。其他一切对立及其运动，不过是这些惟一有意义的对立的外观、外壳、公开形式，这些惟一有意义的对立构成其他世俗对立的含义。在这里，不是人的本质以非人的方式同自身对立的对象化，而是人的本质以不同于抽象思维的方式并且同抽象思维对立的对象化，被当作异化的被设定的和应该扬弃的本质。"① 所以，在黑格尔的思想中，"对于人的已成为对象而且是异己对象的本质力量的占有，首先不过是那种在意识中、在纯思维中即在抽象中发生的占有，是对这些作为思想和思想运动的占有"②。其次，重新占有对象世界这一过程在黑格尔那里是这样表现的："感性、宗教、国家权力等等是精神的本质，因为只有精神才是人的真正的本质，而精神的真正形式则是思维着的精神，逻辑的、思辨的精神。自然界的人性和历史所创造的自然界的人性，就表现在它们是抽象精神的产品，因此，在这个限度内，它们是精神的环节即思想本质。"③ 在黑格尔这里，尽管人同已经丧失的对象世界的对立虽然已经被把握到了，但这一对立只是被看成抽象的思想在自身之内的对立，所以，马克思认为，"《现象学》是一种隐蔽的、自身还不清楚的、神秘化的批判"④。

在马克思看来，黑格尔《精神现象学》的最后一章更为鲜明地体现了黑格尔哲学的片面性和局限性，"这一章既包含经过概括的《现象学》的精神，包含《现象学》同思辨的辩证法的关系，也包含黑格尔对这二者相互关系的理解"⑤，因而也隐含着黑格尔哲学的秘密。

---

① 马克思：《1844年经济学哲学手稿》，中共中央马克思恩格斯列宁斯大林著作编译局译，人民出版社2000年版，第99页。
② 马克思：《1844年经济学哲学手稿》，中共中央马克思恩格斯列宁斯大林著作编译局译，人民出版社2000年版，第99页。
③ 马克思：《1844年经济学哲学手稿》，中共中央马克思恩格斯列宁斯大林著作编译局译，人民出版社2000年版，第100页。
④ 马克思：《1844年经济学哲学手稿》，中共中央马克思恩格斯列宁斯大林著作编译局译，人民出版社2000年版，第100页。
⑤ 马克思：《1844年经济学哲学手稿》，中共中央马克思恩格斯列宁斯大林著作编译局译，人民出版社2000年版，第101页。

黑格尔《精神现象学》最后一章的主要之点在于："意识的对象无非是自我意识；或者说，对象不过是对象化的自我意识、作为对象的自我意识。"① 马克思认为，这实际上设定了人的本质等于自我意识。由于这一设定，"对象性本身被认为是人的异化了的、同人的本质即自我意识不相适应的关系。因此，重新占有在异化规定内作为异己的东西产生的人的对象性本质，不仅仅具有扬弃异化的意义，而且具有扬弃对象性的意义"，"因此，人被看成非对象性的、唯灵论的存在物"②。"因为黑格尔设定人＝自我意识，人的异化了的对象，人的异化了的本质现实性，不外是意识，只是异化的思想，是异化的抽象的因而无内容的和非现实的表现，即否定。因此，外化的扬弃不外是对这种无内容的抽象进行抽象的、无内容的扬弃，即否定的否定。因此，自我对象化的内容丰富的、活生生的、感性的、具体的活动，就成为这种活动的纯粹抽象，绝对的否定性，而这种抽象又作为抽象固定下来并且被想象为独立的活动，即干脆被想象为活动。因为这种所谓否定性无非是上述现实的、活生生的行动的抽象的无内容的形式，所以它的内容也只能是形式的、抽去一切内容而产生的内容。因此，这就是普遍的，抽象的，适合于任何内容的，从而既超脱任何内容同时又恰恰对任何内容都有效的，脱离现实精神和现实自然界的抽象形式、思维形式、逻辑范畴。"③ 马克思认为，正是由于黑格尔把人的本质理解为意识、自我意识，人的活生生的、内容丰富的对象性的活动在他那里才变成抽象地概念地设定物性，并克服物性返回自身的自我发展的运动，他所承认的唯一的劳动就成了精神的劳动。在此基础上，对象性、物性被看作非本质的、否定的、虚无的、需要加以克服的东西，意识的、精神的东西才是本质的、肯定

① 马克思：《1844 年经济学哲学手稿》，中共中央马克思恩格斯列宁斯大林著作编译局译，人民出版社 2000 年版，第 102 页。
② 马克思：《1844 年经济学哲学手稿》，中共中央马克思恩格斯列宁斯大林著作编译局译，人民出版社 2000 年版，第 102 页。
③ 马克思：《1844 年经济学哲学手稿》，中共中央马克思恩格斯列宁斯大林著作编译局译，人民出版社 2000 年版，第 114 页。

的、真实的、自我确证的东西。因此，现实的、进行对象性活动的个人不是这个运动的主体，主体是"神""绝对精神"，是"知道自己并且实现自己的观念"，"任何现实的自然界不过是成为这个隐蔽的非现实的任何这个非现实的自然界的谓语、象征。因此，主语和谓语之间的关系被绝对地相互颠倒了：这就是神秘的主体—客体，或笼罩在客体上的主体性，作为过程的绝对主体，作为使自身外化并且从这种外化返回到自身的、但同时又把外化收回到自身的主体，以及作为这一过程的主体；这就是在自身内部的纯粹的、不停息的圆圈"。① 这个神秘的主体—客体，就是马克思所说的神秘的"无人身的理性"，它产生于对人的活生生的、内容丰富的对象性活动的抽象理解，产生于对感性对象性实践活动与精神活动的颠倒了的理解。

在马克思看来，黑格尔之所以抽象地理解人的现实的、活生生的对象性的实践活动，其根源在于他所生活的时代正在受抽象的统治。在黑格尔所生活的时代，作为资本主义社会的商品交换原则的"同一性"构成了全部社会生活的根本准则，一切具体的商品、劳动都必须通过一般等价物来衡量，一切具体的劳动都必须转化为抽象劳动才能衡量其价值，抽象的"劳动"概念成为规范一切生活领域的意识形态。站在国民经济学的立场上，黑格尔把抽象的、一般的"劳动"看作人的本质，看作人的自我确证的本质。"黑格尔惟一知道并承认的劳动是抽象的精神的劳动"②，因此，劳动不是人的对象性活动本质的自我确证，而是精神的设定对象性并克服对象性将其收归自身的自身绝对性的自我确证。劳动的最终目的不是在对象中确证人的本质，而是通过对对象性本身的克服来确证精神的绝对性。"自我意识的异化没有被看作人的本质的现实异化的表现，即在知识和思维中反映出来的这种异化的表现。相反，现实的即真实地出现的异化，就其潜藏在内部最深处的——并且只有哲

---

① 马克思：《1844 年经济学哲学手稿》，中共中央马克思恩格斯列宁斯大林著作编译局译，人民出版社 2000 年版，第 114 页。

② 马克思：《1844 年经济学哲学手稿》，中共中央马克思恩格斯列宁斯大林著作编译局译，人民出版社 2000 年版，第 101 页。

学才能揭示出来的——本质来说，不过是现实的人的本质即自我意识的
异化现象。"① 黑格尔所说的异化乃是自在和自为之间、意识和自我意
识之间、客体和主体之间的对立，"是抽象的思维同感性的现实或现实
的感性在思想本身范围内的对立"②。"全部外化历史和外化的全部消
除，不过是抽象的、绝对的思维的生产史，即逻辑的思辨的思维的生
产史。"③

　　黑格尔哲学从抽象的、脱离了人和自然界的精神出发，把一切运动
和发展都归结为自我意识的运动和发展。因此，尽管黑格尔哲学强调异
化和克服异化，但是他所说的异化并不是现实的人的对象性活动的异
化，而是因对象性与自我意识相对立产生的异化。同时，黑格尔所说的
异化的扬弃，也不是对现实的、感性对象性活动之异化的扬弃，"黑格
尔在哲学中扬弃的存在，并不是现实的宗教、国家、自然界，而是已经
成为知识的对象的宗教本身，即教义学"④，这种扬弃是思想上的本质
的扬弃，"因为思维自以为直接就是和自身不同的另一个东西，即感性
的现实，从而认为自己的活动也是感性的现实的活动，所以这种思想上
的扬弃，在现实中没有触动自己的对象，却以为实际上克服了自己的对
象"⑤。因此，马克思称黑格尔的"现象学"为"虚有其表的批判主义"
和"隐蔽的、自身还不清楚的、神秘化的批判"。⑥

　　总之，在马克思看来，黑格尔的概念辩证法的"神秘化"和"头

---

　　① 马克思：《1844 年经济学哲学手稿》，中共中央马克思恩格斯列宁斯大林著作编
译局译，人民出版社 2000 年版，第 103 页。
　　② 马克思：《1844 年经济学哲学手稿》，中共中央马克思恩格斯列宁斯大林著作编
译局译，人民出版社 2000 年版，第 114 页。
　　③ 马克思：《1844 年经济学哲学手稿》，中共中央马克思恩格斯列宁斯大林著作编
译局译，人民出版社 2000 年版，第 99 页。
　　④ 马克思：《1844 年经济学哲学手稿》，中共中央马克思恩格斯列宁斯大林著作编
译局译，人民出版社 2000 年版，第 112 页。
　　⑤ 马克思：《1844 年经济学哲学手稿》，中共中央马克思恩格斯列宁斯大林著作编
译局译，人民出版社 2000 年版，第 111 页。
　　⑥ 马克思：《1844 年经济学哲学手稿》，中共中央马克思恩格斯列宁斯大林著作编
译局译，人民出版社 2000 年版，第 109 页。

足倒置"的根本原因在于，在时代条件的限制下，黑格尔对人类的现实的、活生生的历史实践活动加以抽象的理解，从而把进行感性对象性活动的人的历史发展抽象为自我意识的发展，进而把人类的现实的历史实践的发展运动抽象为概念范畴的发展运动，建立起了逻辑学本体论的真理形而上学体系。

（二）抽象概念先于感性对象性实践

黑格尔在《精神现象学》中通过"实体即主体"这一原则设定了思维与存在、理性活动与感性现实的统一，从而克服了康德、费希特哲学所造成的主观世界与客观世界的对立。如上文所述，在《精神现象学》中，在理性的自我发展、自我实现的历程中，理性是能动的一方，是积极的、推动的一方，感性现实无非是理性自我运动、自身分裂、自我实现的外化的结果。因此，在理性运动的抽象概念与现实的感性对象性实践活动二者关系的理解上，黑格尔必然认定：在逻辑关系上，抽象概念优先于感性对象性实践，概念运动是感性现实运动的根本原因。也正是在这个意义上，黑格尔抽象地理解人，把人的现实的、活生生的、内容丰富的对象化活动看作非本质的现象，把从这一现实的活动中抽象出来的自我意识的、精神的活动看作本质的，从而就形成了他的"头足倒置"的神秘的概念辩证法。黑格尔把理性、意识、精神看作本质的东西，看作唯一的活动着的主体，把现实的感性事物看作理性通过自己的外化活动所产生的东西。这决定了黑格尔在对待概念与改造现实事物的对象性实践的关系这一问题上，把概念的活动看作在先的东西，决定一切现实的感性对象性实践的东西，一切对象性实践活动的意义就在于确证概念的自我运动以及概念的绝对真理性。这样一来，在黑格尔的哲学视野中，人类的现实的历史实践活动就不具有独立的现实意义，它只有在证明、确立概念的自我运动的意义上才是真实的、有意义的。因此，现实的人类实践的历史发展及其意义不能够按照其自身在时间中的发展顺序来加以理解和解释，而应该按照它所证明的概念的发展的顺序来加以解释，所以黑格尔在《法哲学原理》中歪曲现实的历史发展进程来论证国家是现实的理念。这就是黑格尔式的"虚假的实证主义"。

从关于世界的概念本体论观念出发，在法哲学中，黑格尔认为，国家是绝对精神的现实表现，是现实的绝对精神，国家是决定社会形成和发展的创造性因素。由此出发，他把家庭和市民社会归属于国家的概念领域，"现实的理念，即精神，把自己分为自己概念的两个理想性的领域，分为家庭和市民社会，即分为自己的有限性的两个领域，目的是要超出这两个领域的理想性而成为自为的无限的现实精神，于是这种精神便把自己这种有限的现实性的材料分配给上述两个领域"①。基于这一点，黑格尔把家庭、市民社会和国家看作伦理观念发展的三个阶段：家庭是"直接的或自然的伦理精神和狭窄的普遍性的领域"，市民社会是"特殊的领域"，国家是"普通性与特殊性的统一"。其中国家是"客观精神"发展的顶点和最高体现，是"绝对自在自为的理性东西"，因而，国家是社会生活各个领域的决定力量，与国家相比，家庭和市民社会则缺乏独立性，它们是从属于国家并以国家的存在为转移。马克思认为，黑格尔的法哲学是德国法哲学意识形态的代表，"德国的国家哲学和法哲学在黑格尔的著作中得到了最系统、最丰富和最终的表述；对这种哲学的批判既是对现代国家以及同它相联系的现实所作的批判性分析，又是对迄今为止的德国政治意识和法意识的整个形式的坚决否定"②。因而，在《黑格尔法哲学批判》中，马克思对黑格尔的法哲学进行了深入的批判。

马克思指出，黑格尔在《法哲学原理》一书中关于国家与家庭和市民社会关系的论述"集法哲学和黑格尔全部哲学的神秘主义之大成"，"逻辑的泛神论的神秘主义在这里已经很清楚地显露出来"③。按照马克思的观点，国家是在家庭和市民社会的基础上产生的，家庭和市民社会是国家的前提。"政治国家没有家庭的天然基础和市民社会的人为基础

---

① ［德］黑格尔：《法哲学原理》，范扬、张企泰译，商务印书馆1995年版，第263、264页。

② 《马克思恩格斯选集》第一卷，人民出版社2012年版，第9页。

③ 《马克思恩格斯全集》第三卷，人民出版社2002年第二版，第10页。

就不可能存在，它们是国家的必要条件"①，"家庭和市民社会是国家的真正的构成部分，是意志所具有的现实的精神实在性，它们是国家的存在方式。家庭和市民社会本身把自己变成国家。它们才是原动力"。"可是在黑格尔看来又相反，它们是由现实的观念产生的。把它们结合成国家的不是它们自己的生存过程，而是观念的生存过程，是观念使它们从它自身中分离出来。就是说，它们才是这种理念的有限性。它们的存在归功于另外的精神，而不归功于它们自己的精神。它们是由第三者设定的规定，不是自我规定。"② 马克思认为，在黑格尔法哲学中，作为"条件"的家庭和市民社会转变为"被制约的东西"，规定者变成了被规定者，"产生其他东西的东西变成了它的产品的产品"。其根本原因在于，黑格尔总是以逻辑的理念为主体，"不是用逻辑来论证国家，而是用国家来论证逻辑"③，"不是思想决定于国家的本性，而是国家决定于现成的思想"④。在黑格尔的法哲学中，理念是独立的主体，家庭和市民社会对国家的现实关系变成了理念所具有的想象的内部活动。因此，"具体的内容即现实的规定成了形式的东西，而完全抽象的形式规定则成了具体的内容。国家的各种规定的实质并不在于这些规定是国家的规定，而在于这些规定在其最抽象的形式中可以被看作逻辑的形而上学的规定。真正注意的中心不是法哲学，而是逻辑学。哲学的工作不是使思维体现在政治规定中，而是使现存的政治规定消散于抽象的思想。哲学的因素不是事物本身的逻辑，而是逻辑本身的事物"⑤。黑格尔把逻辑的理念当作主体，把现实的家庭、市民社会和国家当作被主体规定的客体，无非是用客观的东西偷换主观的东西，用主观的东西偷换客观的东西，其必然的结果是"立即非批判地把有限的东西当作

① 《马克思恩格斯全集》第三卷，人民出版社2002年第二版，第12页。
② 《马克思恩格斯全集》第三卷，人民出版社2002年第二版，第11页。
③ 《马克思恩格斯全集》第三卷，人民出版社2002年第二版，第22页。
④ 《马克思恩格斯全集》第三卷，人民出版社2002年第二版，第24页。
⑤ 《马克思恩格斯选集》第三卷，人民出版社2002年第二版，第22页。

观念的表现"①。

黑格尔抽象地理解人及其现实的历史，把人的本质看作自我意识，把人的历史发展看作自我意识的发展。在黑格尔看来，这个自我意识是本体，是决定历史发展的主体。因而，在以人类的现实的政治实践为对象的法哲学中，他仍然把抽象的理念作为真实的主体，人类的现实政治实践的各种形式在他看来，都无非是对这个主体的自我发展的确证。在此基础上，他不是从现实的历史，而是以理念的自我发展为依据来解释家庭和市民社会与国家之间的关系，也就不难理解了。黑格尔把抽象的理念、自我意识看作主体，因而在他看来，精神的、意识的活动是先于具体的感性对象性实践活动的，这恰恰导致了他在涉足于具体的历史领域时的保守主义和非批判的实证主义。

（三）"理性论"内涵逻辑与保守的政治立场

黑格尔神秘的"无人身的理性"的逻辑把理性、自我意识看成是世界和人的本质，因此现实的世界和人的发展不外乎是理性在自我运动、自我实现过程中外化的结果，因此，在理性概念的逻辑和现实历史实践的关系上，是理性概念先于现实的历史实践，并且理性概念的发展决定了现实历史实践的发展。正如我们前面所分析的，在国家和市民社会的关系中，黑格尔强调国家作为"地上行走的理念"规定和决定市民社会。由于实质的和关键的进步和发展是在理性、意识中完成的，因此，在现实的政治实践层面，黑格尔不需要批判和变革现有的政治制度，体现出保守主义的政治立场。正如恩格斯所评价的："人类既然通过黑格尔这个人想出了绝对观念，那么在实践上也一定达到了能够在现实中实现这个绝对观念的地步。因此，绝对观念对同时代人的实践的政治的要求不可提得太高。因此，我们在《法哲学》的结尾发现，绝对观念应当在弗里德里希—威廉三世向他的臣民再三许诺而又不予兑现的那种等级君主制中得到实现，就是说，应当在有产阶级那种适应于当时德国小资

---

① 《马克思恩格斯全集》第三卷，人民出版社 2002 年第二版，第 55 页。

产阶级关系的、有限的和温和的间接统治中得到实现；在这里还用思辨的方法向我们论证了贵族的必要性。"①

黑格尔哲学在政治上的保守主义完全被青年黑格尔派所继承，虽然在表面上看来，他们一直鼓吹各种形式的批判，甚至是"批判的批判"，但是由于他们一直把改变现实的事情看成是意识内的事情，因而根本无法提出变革现实的革命要求，反而成为现存社会制度的维护者。正如马克思所说："既然根据青年黑格尔派的设想，人们之间的关系、他们的一切举止行为、他们受到的束缚和限制，都是他们意识的产物，那么青年黑格尔派完全合乎逻辑地向人们提出一种道德要求，要用人的、批判的或利己的意识来代替他们现在的意识，从而消除束缚他们的限制。这种改变意识的要求，就是要求用另一种方式来解释存在的东西，也就是说，借助于另外的解释来承认它。青年黑格尔派的意识形态家们尽管满口讲的都是所谓'震撼世界的'词句，却是最大的保守派。"②

黑格尔保守的政治立场不仅体现在其法哲学中，而且体现在他和他的后继者的历史哲学中，"黑格尔的历史哲学是整个这种德国历史编纂学的最终的、达到自己'最纯粹的表现'的成果。对于德国历史编纂学来说，问题完全不在于现实的利益，甚至不在于政治的利益，而在于纯粹的思想。这种历史哲学后来在圣布鲁诺看来也一定是一连串的'思想'，其中一个吞噬一个，最终消失于'自我意识'中"③。在黑格尔及其后继者眼中，现实的历史的进步和发展不是根本的决定性因素，只要我们在意识、思想中发展、进步了，现实的历史作为理性的"外化"和展开必然会实现相应的进展。这是黑格尔的历史哲学轻视现实的感性对象性的历史的根本原因。

与黑格尔形成鲜明对照的是马克思强烈的关注现实的态度，这一点即使在深受黑格尔影响的青年马克思时期也体现得尤为明显。在马克思的博

---

① 《马克思恩格斯选集》第四卷，人民出版社 2012 年版，第 224、225 页。
② 《马克思恩格斯选集》第一卷，人民出版社 2012 年版，第 145 页。
③ 《马克思恩格斯选集》第一卷，人民出版社 2012 年版，第 174 页。

士论文中，马克思这样写道："哲学的实践本身是理论的。正是批判根据本质来衡量个别的存在，根据观念来衡量特殊的现实。但是，哲学的这种直接的实现，按其内在本质来说是充满矛盾的，而且它的这种本质在现象中取得具体形式，并且给现象打上自己的烙印。当哲学作为意志面向现象世界的时候，体系便被降低为一个抽象的总体，就是说，它成为世界的一个方面，世界的另一个方面与它相对立。体系同世界的关系是一种反思的关系。体系为实现自己的欲望所鼓舞，就同他物发生紧张的关系。它的内在的自我满足和完整性被打破了。本来是内在之光的东西，变成转向外部的吞噬一切的火焰。……世界的哲学化同时也就是哲学的世界化，哲学的实现同时也就是它的丧失，哲学在外部所反对的东西就是它自己内在的缺点，正是在斗争中它本身陷入了它所反对的缺陷之中，而且只有当它陷入这些缺陷之中时，它才能消除这些缺陷。与它对立的东西、它所反对的东西，总是跟它相同的东西，只不过具有相反的因素罢了。"①

在《黑格尔法哲学批判》导言中，马克思关注现实的立场表现为这样一些基本判断：第一，"人不是抽象的蛰居于世界之外的存在物。人就是人的世界，就是国家，社会"②。第二，"真理的彼岸世界消逝以后，历史的任务就是确立此岸世界的真理。人的自我异化的神圣形象被揭穿以后，揭露具有非神圣形象的自我异化，就成了为历史服务的哲学的迫切任务。于是，对天国的批判变成对尘世的批判，对宗教的批判变成对法的批判，对神学的批判变成对政治的批判"③。第三，"批判的武器当然不能代替武器的批判，物质力量只能用物质力量来摧毁"④。第四，"哲学把无产阶级当作自己的物质武器，同样，无产阶级也把哲学当作自己的精神武器"⑤。而到了马克思思想已经趋于成熟的《德意志形态》这一著作，马克思已经旗帜鲜明地反对以黑格尔为代表的唯心主

① 《马克思恩格斯全集》第一卷（上册），人民出版社1960年版，第75、76页。
② 《马克思恩格斯选集》第一卷，人民出版社2012年版，第1页。
③ 《马克思恩格斯选集》第一卷，人民出版社2012年版，第2页。
④ 《马克思恩格斯选集》第一卷，人民出版社2012年版，第9页。
⑤ 《马克思恩格斯选集》第一卷，人民出版社2012年版，第16页。

义哲学，要求对现实的历史进行经验的、实证的研究了。"在思辨终止的地方，在现实的生活面前，正是描述人们实践活动和实际发展过程的真正的实证科学开始的地方。关于意识的空话将终止，它们一定会被真正的知识所代替。对现实的描述会使独立的哲学失去生存环境，能够取而代之的充其量不过是从对人类历史发展的考察中抽象出来的最一般的结果的概括。这些抽象本身离开了现实的历史就没有任何价值，它们只能对整理历史资料提供某些方便，指出历史资料的各个层次的顺序。但这些抽象与哲学不同，它们绝不提供可以适用于各个历史时代的药方或公式"①；"依靠从黑格尔那里继承来的理论武器，是不能理解这些人的经验的物质的行为的。由于费尔巴哈揭露了宗教世界是世俗世界的幻想（世俗世界在费尔巴哈那里仍然不过是些词句），在德国理论面前就自然而然产生了一个费尔巴哈所没有回答的问题：人们是怎样把这些幻想'塞进自己头脑'的？这个问题甚至为德国理论家开辟了通向唯物主义世界观的道路，这种世界观没有前提是绝对不行的，它根据经验去研究现实的物质前提，因而最先是真正批判的世界观。这一道路已在'德法年鉴'中，即在'黑格尔法哲学批判导言'和'论犹太人问题'这两篇文章中指出了。但当时由于这一切还是用哲学词句来表达的，所以那里所见到的一些习惯用的哲学术语，如'人的本质'、'类'等等，给了德国理论家们以可乘之机去不正确地理解真实的思想过程并以为这里的一切都不过是他们的穿旧了的理论外衣的翻新"②。

马克思对黑格尔哲学的批判，集中于对他的"无人身的理性"的逻辑、理性逻辑先于感性对象性历史实践以及由此所造成的政治上的保守主义立场和现实的非批判立场。通过对黑格尔唯心主义哲学体系的批判，马克思不仅揭示了黑格尔神秘的"无人身的理性"的辩证运动的现实基础以及造成黑格尔哲学"神秘化"的根本原因，而且驳倒了黑格尔及其后继者对现实历史的保守主义的非批判立场，从而为对资本主义社

---

① 《马克思恩格斯选集》第一卷，人民出版社 2012 年版，第 153 页。
② 《马克思恩格斯全集》第三卷，人民出版社 1956 年版，第 261、262 页。

会历史现实进行经验实证的、批判性的研究开辟了道路。在借助费尔巴哈的人本学批判黑格尔和形形色色的黑格尔主义者，并且最终清算了黑格尔哲学和费尔巴哈哲学的残余这一过程中，马克思形成了崭新的以人感性对象性历史实践为基础的世界观和历史观，从而为对资本主义社会现实进行经验实证的、批判性的研究提供了理论基础。马克思对黑格尔哲学的批判，把现实的人类历史发展确立为黑格尔概念发展的现实基础，实现了对黑格尔的"头足倒置"的概念辩证法的颠倒，确立了资本主义社会制度作为自己实证分析、批判性研究的对象，最终建立自己的"实践论"的内涵逻辑。

二　马克思新世界观和新历史观的建立
——"实践论"内涵逻辑创立的前提

在前文中，我们把马克思的《资本论》看作马克思所建立的"实践论"的内涵逻辑，这一内涵逻辑不同于黑格尔的"理性论"的内涵逻辑。在思想前提下，它不需要像"理性论"内涵逻辑那样进行"思存同一性"的先验设定，因而不存在逻辑先于历史的问题。此外，在概念内涵之间的逻辑联系来看，它不依赖于超验的理性活动的分析，它建立在人类的感性历史实践基础之上，同时又通过某种总体性的综合，使各种各样的经济范畴具有特定的逻辑联系。关于马克思的"实践论"的内涵逻辑与黑格尔的"理性论"内涵逻辑的区别与联系，笔者在下文还要详加论述。

在这里，我们首先要详加阐述的是马克思的"实践论"内涵逻辑创立的前提。马克思的《资本论》这一影响人类发展进程的学术巨著的写作，是在马克思清算了形形色色的唯心主义的基础上才最终完成的，没有马克思的"实践论"的新世界观，没有马克思的以现实的人的感性对象性历史实践为基础的唯物主义历史观的建立，就不可能有对资本主义社会的鞭辟入里的实证性的批判，就没有对资本主义生产方式的科学分析。因此，马克思新世界观和新历史观的创立是马克思的《资本论》这

一 "大写的" 逻辑的前提和基础。

（一）马克思新世界观和新历史观建立的前提——进行感性对象性实践活动的人

在《资本论》的序言的跋文里，马克思曾公开承认自己是黑格尔的学生。在马克思思想发展的不同时期，马克思都曾通过批判黑格尔来阐发自己正在形成的思想，不同时期马克思批判黑格尔的侧重点不同，所形成的思想也不同。在《1844 年经济学哲学手稿》这部著作里，马克思站在费尔巴哈人本学的肩膀上对黑格尔哲学的唯心主义进行了批判。黑格尔站在唯心主义的立场上，把世界、人都理解为意识性的存在：如世界的内在本质是理性，世界运动的推动力是理性运动，人的本质是自我意识，等等。

在批判黑格尔把人理解为唯灵论的存在物这一观点基础上，马克思阐释了他对于人的理解。其中区别于黑格尔的最重要的一点就是：人是感性对象性的存在。当黑格尔在《精神现象学》中大谈理性的设定活动的时候，马克思针锋相对地指出："当现实的、有形体的、站在稳固的地球上呼吸着一切自然力的人通过自己的外化把自己现实的、对象性的本质力量设定为异己的对象时，这种设定并不是主体；它是对象性的本质力量的主体性，因而这些本质力量的活动也必须是对象性的活动。对象性的存在物客观地活动着，而只要它的本质规定中不包含对象性的东西，它就不能客观地活动。它所以能创造或设定对象，只是因为它本身是被对象所设定的，因为它本来就是自然界。因此，并不是它在设定这一行动中从自己的'纯粹的活动'转而创造对象，而是它的对象性的产物仅仅证实了它的对象性活动，证实了它的活动是对象性的、自然存在物的活动。"①

也就是说，同黑格尔把人理解为理性的、意识的存在物相对，马克

---

① 马克思：《1844 年经济学哲学手稿》，中共中央马克思恩格斯列宁斯大林著作编译局译，人民出版社 2000 年版，第 105 页。

思把人理解为对象性存在物、自然存在物。"人直接地是自然存在物。人作为自然存在物，而且作为有生命的自然存在物，一方面具有自然力、生命力，是能动的自然存在物；这些力量作为天赋和才能、作为欲望存在于人身上；另一方面，人作为自然的、肉体的、感性的、对象性的存在物，和动植物一样，是受动的、受制约的和受限制的存在物，也就是说，他的欲望的对象是作为不依赖于他的对象而存在于他之外的；但这些对象是他的需要的对象；是表现和确证他的本质力量所不可缺少的、重要的对象。说人是肉体的、有自然力的、有生命的、现实的、感性的、对象性的存在物，这就等于说，人有现实的、感性的对象作为自己的本质即自己的生命表现的对象；或者说，人只有凭借现实的、感性的对象才能表现自己的生命。说一个东西是对象性的、自然的、感性的，这是说，在这个东西之外有对象、自然界、感觉；或者说，它本身对于第三者说来是对象、自然界、感觉，这都是同一个意思……一个存在物如果在自身之外没有自己的自然界，就不是自然存在物，就不能参加自然界的生活。一个存在物如果在自身之外没有对象，就不是对象性的存在物。一个存在物如果本身不是第三者的对象，就没有任何存在物作为自己的对象，也就是说，它没有对象性的关系，它的存在就不是对象性的存在。"① 作为对象性的存在物、自然存在物，人体现出来的主要是受动性的特征。"人作为对象性的、感性的存在物，是一个受动的存在物；因为它感到自己是受动的，所以是一个有激情的存在物。激情、热情是人强烈追求自己的对象的本质力量。"②

在批判黑格尔通过《精神现象学》把人的活动抽象地理解为理性的、意识的神秘活动的同时，青年马克思也注意到了其积极的意义："黑格尔把人的自我产生看作一个过程，把对象化看作非对象化，看作外化和这种外化的扬弃；可见，他抓住了劳动的本质，把对象性的人、

---

① 马克思：《1844 年经济学哲学手稿》，中共中央马克思恩格斯列宁斯大林著作编译局译，人民出版社 2000 年版，第 105、106 页。

② 马克思：《1844 年经济学哲学手稿》，中共中央马克思恩格斯列宁斯大林著作编译局译，人民出版社 2000 年版，第 107 页。

现实的因而是真正的人理解为他自己的劳动的结果。"① 这里人这种通过自己的劳动创造自己这一现象表明:"人不仅仅是自然存在物,而且是人的自然存在物,也就是说,是为自身而存在着的存在物,因而是类存在物。他必须既在自己的存在中也在自己的知识中确证并表现自身。因此,正像人的对象不是直接呈现出来的自然对象一样,直接地客观地存在着的人的感觉,也不是人的感性、人的对象性。自然界,无论是客观的还是主观的,都不是直接地同人的存在物相适应的。正像一切自然物必须产生一样,人也有自己的产生活动即历史,但历史是在人的意识中反映出来的,因而它作为产生活动是一种有意识地扬弃自身的产生活动。历史是人的真正的自然史。"②

同感性对象性相对应,类存在物是马克思关于人的理解的另外一个重要规定性。 "人是类存在物,不仅因为人在实践上和理论上都把类——他自身的类以及其他物的类——当作自己的对象;而且因为——这只是同一种事物的另一种说法——人把自身当作现有的、有生命的类来对待,因为人把自身当作普遍的因而也是自由的存在物来对待……类生活从肉体方面来说就在于人(和动物一样)靠无机界生活,而人和动物相比越有普遍性,人赖以生活的无机界的范围就越广阔。从理论领域来说,植物、动物、石头、空气、光等等,一方面作为自然科学的对象,一方面作为艺术的对象,都是人的意识的一部分,是人的精神的无机界,是人必须事先进行加工以便享用和消化的精神食粮;同样,从实践领域来说,这些东西也是人的生活和人的活动的一部分。人在肉体上只有靠这些自然产品才能生活,不管这些产品是以食物、燃料、衣着的形式还是以住房的形式表现出来。在实践上,人的普遍性正是表现为这样的普遍性,它把整个自然界——首先作为人的直接的生活资料,其次作为人的生命活动的对象(材料)和工具——变成人的无机的身体。自

---

① 马克思:《1844 年经济学哲学手稿》,中共中央马克思恩格斯列宁斯大林著作编译局译,人民出版社 2000 年版,第 101 页。

② 马克思:《1844 年经济学哲学手稿》,中共中央马克思恩格斯列宁斯大林著作编译局译,人民出版社 2000 年版,第 107 页。

然界，就它自己不是人的身体而言，是人的无机的身体。人靠自然界生活。这就是说，自然界是人为了不致死亡而必须与之持续不断的交互作用过程的、人的身体。所谓人的肉体生活同自然界的联系，不外是说自然界同自身相联系，因为人是自然界的一部分。"①

同时，作为类存在物和对象性存在物，人通过自己的生命活动把自己和其他动物区别开来。"动物和自己的生命活动是直接同一的。动物不把自己同自己的生命活动区别开来。它就是自己的生命活动。人则使自己的生命活动变成自己意志和自己意识的对象。他具有有意识的生命活动。这不是人与之直接融为一体的那种规定性。有意识的生命活动把人同动物的生命活动直接区别开来。正是由于这一点，人才是类存在物。或者说，正因为人是类存在物，他才是有意识的存在物，就是说，他自己的生活对他来说是对象。仅仅由于这一点，他的活动才是自由的活动。……通过实践创造对象世界，改造无机界，人证明自己是有意识的类存在物，就是说是这样一种存在物，它把类看作自己的本质，或者说把自身看作类存在物。诚然，动物也生产。它为自己营造巢穴或住所，如蜜蜂、海狸、蚂蚁等。但是，动物只生产它自己或它的幼仔所直接需要的东西；动物的生产是片面的，而人的生产是全面的；动物只是在直接肉体需要的支配下生产，而人甚至不受肉体需要的影响也进行生产，并且只有不受这种需要的影响才能进行真正的生产；动物只生产自身，而人再生产整个自然界；动物的产品直接属于它的肉体，而人则自由地面对自己的产品。动物只是按照它所属的那个种的尺度和需要来构造，而人懂得按照任何一个种的尺度来进行生产，并且懂得处处都把内在的尺度运用于对象；因此，人也按照美的规律来构造。"②

马克思在这里所形成的关于人的理解不是费尔巴哈"直观"意义上的静止的人，而是不断通过自己的活动创造自身的"实践"的人。借用

① 马克思：《1844 年经济学哲学手稿》，中共中央马克思恩格斯列宁斯大林著作编译局译，人民出版社 2000 年版，第 56—57 页。
② 马克思：《1844 年经济学哲学手稿》，中共中央马克思恩格斯列宁斯大林著作编译局译，人民出版社 2000 年版，第 57、58 页。

高清海先生的观点表达：马克思在这里形成的是关于人的实践观点。实践是人的活动方式，也是人的存在方式，这就是马克思在《1844年经济学哲学手稿》中形成的人的最基本的观念。

（二）马克思"实践论"的新世界观的确立

在《路德维希·费尔巴哈和德国古典哲学的终结》一书的序言中，恩格斯称马克思的《关于费尔巴哈的提纲》（以下简称《提纲》）为"包含着新世界观的天才萌芽的第一个文献"①。按照恩格斯的这一思路，在通过《1844年经济学哲学手稿》确立了感性对象性的实践作为人的活动方式和存在方式之后，马克思通过把人的"实践"的观点贯彻到自然、社会、历史中去，从而形成了不同于传统的自然主义的唯物主义世界观的"实践论"的唯物主义世界观。《提纲》实际上从不同的侧面向我们阐明了以实践作为出发点来理解世界的几个重要观点。概括地说，这几个观点主要解决以下几个问题：第一如何去理解我们所面对的感性对象性的世界；第二如何以实践的观点去理解认识的客观真理性；第三社会的变化发展和人的变化发展究竟是何种关系；第四新唯物主义世界观同旧唯物主义世界观的关键区别究竟在于什么；第五新唯物主义世界观赋予哲学家什么样的使命。下面笔者将结合《提纲》的具体的内容就这几个问题加以说明。

首先是如何去理解我们感性对象性的世界，马克思认为，包括费尔巴哈在内的旧唯物主义的最大问题就在于"对对象、现实、感性，只是从客体的或者直观的形式去理解，而不是把它们当做感性的人的活动，当做实践去理解，不是从主体方面去理解"②。与之相对立，唯心主义哲学虽然把世界理解为人的活动的产物，但是唯心主义是"不知道现实的、感性的活动本身的"，所以包括黑格尔在内的唯心主义哲学家把感性对象性的世界理解为精神活动的产物和结果。综合马克思对于旧唯物

---

① 《马克思恩格斯选集》第四卷，人民出版社2012年版，第219页。
② 《马克思恩格斯选集》第一卷，人民出版社2012年版，第133页。

主义和唯心主义的批判，我们不难看出，对于感性对象性的世界的理解必须立足于人的感性对象性实践活动的基础之上，即把世界理解为已经为人的感性对象性实践活动所改造的对象性的自然界。一方面，感性对象性的世界对于意识的独立自存的地位依然存在，唯物主义的立场依然存在；另一方面，感性对象性的世界对于人类来说又不是抽象的、完全外在的，它是为人类的感性对象性实践活动改造过了的自然界。

其次是如何理解人的认识的客观真理性。近代哲学自笛卡尔以来，哲学家们就认识的客观性问题争论不休。经验论的代表洛克等人认为，认识的客观真理性应该来源于经验对象，但是他们无法说明经验对象本身如何提供认识中的必然性联系。唯理论的代表笛卡尔等人认为，认识中的必然性联系来源于人类理性的先天能力，但是他们无法说明这一联系是经验对象自身的联系。以康德和黑格尔为代表的德国古典哲学通过不同的方式把经验论和唯理论的观点结合起来，在一定意义上论证了认识的客观真理性，但他们不是陷入主观相对主义，就是陷入先验的客观唯心主义。针对传统经院哲学的形形色色的认识论观点，马克思一针见血地指出："人的思维是否具有客观的真理性，这不是一个理论的问题，而是一个实践的问题。人应该在实践中证明自己思维的真理性，即自己思维的现实性和力量，自己思维的此岸性。"① 也就是说，脱离实践去断言某种认识的客观真理性会陷入主观的、理论的独断。人类认识是随着人类感性对象性实践的发展而不断发展变化的，因此，人们应该在实践中不断去证明自己过去的认识，发展自己的认识。这就是马克思立足于实践活动基础上的真理观。

《提纲》第三条强调的是社会发展和人的发展的共同基础：变革的实践。如果我们把人的发展完全看作社会环境和社会教育的产物，那么我们还得进一步追问社会环境和社会教育发展变化的原因。这必然导致一个结果，即"这种学说必然会把社会分成两部分，其中一部分凌驾于社会之上"②。

---

① 《马克思恩格斯选集》第一卷，人民出版社 2012 年版，第 134 页。
② 《马克思恩格斯选集》第一卷，人民出版社 2012 年版，第 134 页。

因此，"环境的改变和人的活动或自我改变的一致，只能被看做是并合理地理解为革命的实践"①。

《提纲》的四至十条从不同方面分析了以费尔巴哈为代表的旧唯物主义世界观同马克思所创立的新唯物主义世界观的区别。站在唯物主义立场上，费尔巴哈把宗教世界归结于它的世俗基础。但是，由于他没有注意到这个世俗基础本身是人们的实践的产物，正是在人们具体实践的自我分裂和自我矛盾才造成了宗教世界和人们的现实世界的对立。这本身就说明现实世界本身就应该被批判并且在实践中变革。

费尔巴哈对于人的理解同样陷入抽象的直观所带来的问题，他"不满意抽象的思维而喜欢直观；但是他把感性不是看做实践的、人的感性的活动"②。因此，虽然他能够做到把宗教的产生原因归结于人，但是，他不理解"人的本质不是单个人所固有的抽象物，在其现实性上，它是一切社会关系的总和"③。所以，他只能"撇开历史的进程，把宗教感情固定为独立的东西，并假定有一种抽象的——孤立的——人的个体"。与此相对应，他把人的本质理解为"类"，"理解为一种内在的、无声的、把许多个人自然地联系起来的普遍性"④。由于费尔巴哈不了解"宗教感情"本身是社会的产物，而他所分析的抽象的个人也属于特定的社会形式。因此，他只能从当时"市民社会"的现状出发，把人的本质抽象地理解为每个个体共同具有一些抽象特性。在费尔巴哈没有看到人和社会生活关联的地方，马克思发现了变革现实社会的需要。既然现实的社会生活本身让人们形成了一种矛盾的思想意识，那就说明社会生活本身需要人们的实践活动对它加以变革。所以马克思说，"旧唯物主义的立脚点是'市民'社会，新唯物主义的立脚点则是人类社会或社会的人类"⑤。费尔巴哈以对"市民社会"单个人的直观为基础去理解人，

---

① 《马克思恩格斯选集》第一卷，人民出版社 2012 年版，第 134 页。
② 《马克思恩格斯选集》第一卷，人民出版社 2012 年版，第 135 页。
③ 《马克思恩格斯选集》第一卷，人民出版社 2012 年版，第 135 页。
④ 《马克思恩格斯选集》第一卷，人民出版社 2012 年版，第 135 页。
⑤ 《马克思恩格斯选集》第一卷，人民出版社 2012 年版，第 136 页。

因而他看不到对于现实变革的需要和人的未来发展需要。而马克思通过"市民社会"的人们产生了虚假的"宗教情感"这一点,看出了变革现存社会的需要和人类发展的新空间。这就是站在抽象直观的立场上去理解人、社会、世界的旧唯物主义和站在实践观点的基础上去理解人、社会、世界的现实发展的新唯物主义之间的区别。

最后,也是最为重要的一点。由于旧唯物主义用直观的、抽象的方式去理解人、世界,人、世界在他们的眼中是已经完成的、不变的和封闭的,所以对于他们来讲,哲学的主要任务只能是"解释世界"。在马克思看来,人、世界、人与世界的关系是随着人的感性对象性历史实践活动不断变化、发展的,所以它们对于实践活动的人来说都是未完成的、变化的和开放的,因此,对于实践的、革命的唯物主义的哲学家来说,最重要的问题在于"改变世界"。

(三)马克思唯物主义历史观的创立

通过《1844年经济学哲学手稿》对黑格尔哲学的批判,马克思形成了关于人的感性对象性的类存在物的观点。也就是说,马克思把人理解为进行感性对象性实践活动的存在。在人的感性对象性实践活动中,人不是按照物种的尺度再生产自然界,而是以"内在的尺度"去改造自然界,在人改造自然界的过程中,人把自身的本质力量对象化到自然对象上。这样一来,不仅仅自然对象得到了改造,人自身的本质力量也在实践对象上得到了确证。这就是马克思所实现的对于人的"实践"的存在方式的理解。在此基础上,马克思以这一观点为基础去理解世界以及人与世界的关系,进而形成了不同于旧唯物主义的"实践论"的世界观。

"实践论"的世界观以人的实践活动为基础去理解世界、社会和人,从而把它们都看作一个随着人的感性对象性实践活动的开展而不断发展的历史过程,这一历史过程就是人的感性对象性实践活动的现实发展史。因此,在"实践论"的世界观的基础上,必然会形成唯物主义的历史观,只不过人类感性对象性的历史实践活动为什么呈现出不以人的意志为转移的客观规律性的特征，马克思仍然需要以特定的理论去加以解释，这一特定的理论就是马克思的历史唯物主义理论。

马克思的新世界观是通过批判地继承黑格尔哲学和费尔巴哈哲学的哲学成果实现的，黑格尔哲学和费尔巴哈哲学构成了马克思新世界观的最为重要的理论资源。这一点对于马克思的历史唯物主义理论依然适用。通过批判以黑格尔为思想源头的形形色色的黑格尔主义者和费尔巴哈的抽象的、直观的、"半截子"的唯物主义，马克思阐明了自己历史唯物主义的基本观念，创立了历史科学。从此之后，人们对于历史的研究和理解再也不用受形形色色的唯心主义的干扰了。

各种黑格尔主义哲学在理解历史的时候都会陷入这样一个误区：把观念作为原则性的东西，并且从观念出发去理解历史。既然观念的东西被作为原则性的东西，历史领域最重要的问题就变成了改变人们理解历史的观念。对此，马克思认为，"他们只是用词句来反对这些词句；既然他们仅仅反对这个世界的词句，那么他们就绝对不是反对现实的现存世界。这种哲学批判所能达到的唯一结果，是从宗教史上对基督教作一些说明，而且还是片面的说明"①。在马克思看来，如果我们把历史理解为人们通过感性对象性的实践活动改造自然界和改造自身的活动，那么我们理解历史就必须从一个用纯粹经验的方法就可以确认的前提出发，这个前提就是人们为了能够创造历史，首先必须能够生存。"全部人类历史的第一个前提无疑是有生命的个人的存在。因此，第一个需要确认的事实就是这些个人的肉体组织以及由此产生的个人对其他自然的关系。"② 这一前提的确定就直接导出了这样一个结论：人们首先必须生产维持自己生命的物质生活资料，物质生活资料的生产是人类历史的第一个活动。"人们用以生产自己的生活资料的方式，首先取决于他们已有的和需要再生产的生活资料本身的特性。这种生产方式不应当只从它是个人肉体存在的再生产这方面加以考察。更确切地说，它是这些个

---

① 《马克思恩格斯选集》第一卷，人民出版社2012年版，第145页。
② 《马克思恩格斯选集》第一卷，人民出版社2012年版，第146页。

人的一定的活动方式,是他们表现自己生命的一定方式、他们的一定的生活方式。个人怎样表现自己的生命,他们自己就是怎样。因此,他们是什么样的,这同他们的生产是一致的——既和他们生产什么一致,又和他们怎样生产一致。因而,个人是什么样的,这取决于他们进行生产的物质条件。"① 人们的第一个历史活动是物质生活资料的生产活动,这种生产活动是怎么样的由生产的物质条件所决定。因此,人们的历史活动是以现实的物质条件为前提的,我们应该从这些前提和对这些前提的研究出发去理解人类历史,而不是像唯心主义哲学那样,从抽象的观念出发去歪曲历史。

在确立了研究和理解历史的经验的、客观的前提基础之后,马克思分析了理解历史活动必须要注意的几个方面。首先,"人们为了能够'创造历史',必须能够生活。但是为了生活,首先就需要吃喝住穿以及其他一些东西。因此第一个历史活动就是生产满足这些需要的资料,即生产物质生活本身,而且,这是人们从几千年前直到今天单是为了维持生活就必须每日每时从事的历史活动,是一切历史的基本条件"②。其次,"第二个事实是,已经得到满足的第一个需要本身、满足需要的活动和已经获得的为满足需要而用的工具又引起新的需要,而这种新的需要的产生是第一个历史活动"③。这里需要说明的是,"新的需要的产生"是第一个历史活动与满足吃喝住穿这些需要的生产活动是第一个历史活动并不矛盾。人类活动的特性就在于,人类所满足的需要总是在基本生存需要的刺激下所产生的新的需要,正是在这个意义上,马克思才说,动物只是按照物种的尺度进行生产,而人时时刻刻运用"内在的尺度"进行活动。所以我们可以这样理解,人们在生产满足自己物质生活需要的生活资料的时候,这里生产活动所满足的需要就已经是"新的需要"。否则,我们就无法理解马克思所说的"一当人开始生

---

① 《马克思恩格斯选集》第一卷,人民出版社 2012 年版,第 147 页。
② 《马克思恩格斯选集》第一卷,人民出版社 2012 年版,第 158 页。
③ 《马克思恩格斯选集》第一卷,人民出版社 2012 年版,第 159 页。

产自己的生活资料，即迈出由他们的肉体组织所决定的这一步的时候，人本身就开始把自己和动物区别开来。人们生产自己的生活资料，同时间接地生产着自己的物质生活本身"①；"一开始就进入历史发展过程的第三种关系是：每日都在重新生产自己生命的人们开始生产另外一些人，即繁殖。这就是夫妻之间的关系，父母和子女之间的关系，也就是家庭。这种家庭起初是唯一的社会关系，后来，当需要的增长产生了新的社会关系而人口的增多又产生了新的需要的时候，这种家庭便成为从属的关系了。这时就应该根据现有的经验材料来考察和阐明家庭，而不应该像通常在德国所做的那样，根据'家庭的概念'来考察和阐明家庭"②。这就是马克思通过分析所得到的人类社会历史活动的三个方面。马克思强调，不应该把社会活动的这三个方面理解为三个不同的阶段，只能把它们理解为三个方面或三个"因素"。"从历史的最初时期起，从第一批人出现以来，这三个方面就同时存在着，而且现在也还在历史上起着作用。"③

通过对人类历史活动的三个基本方面的分析，马克思得出了如下结论："这样，生命的生产，无论是通过劳动而生产自己的生命，还是通过生育而生产他人的生命，就立即表现为双重关系：一方面是自然关系，另一方面是社会关系；社会关系的含义在这里是指许多个人的共同活动，不管这种共同活动是在什么条件下、用什么方式和为了什么目的而进行的。由此可见，一定的生产方式或一定的工业阶段始终是与一定的共同活动方式或一定的社会阶段联系着的，而这种共同活动方式本身就是'生产力'；由此可见，人们所达到的生产力的总和决定着社会状况，因而，始终必须把'人类的历史'同工业和交换的历史联系起来研究和探讨。"④ 自然关系指的是人们通过自己的生产活动对于自然界的改造和利用所达到的一定水平的人与自然之间的平衡和统一，用以衡量

---

① 《马克思恩格斯选集》第一卷，人民出版社2012年版，第145页。
② 《马克思恩格斯选集》第一卷，人民出版社2012年版，第159页。
③ 《马克思恩格斯选集》第一卷，人民出版社2012年版，第160页。
④ 《马克思恩格斯选集》第一卷，人民出版社2012年版，第160页。

人与自然关系的指标就是生产力；社会关系指的是个人和个人或者集团之间所形成的一定方式的联系。由于人在生产生活资料的同时也在进行自身的增殖，所以，在人类历史上，人从来都不是以个人的方式去面对自然界，而是一定的人和人之间的联合体组织起来进行利用自然和改造自然的生产活动。在人类历史之初，自然关系和社会关系就紧密地结合在一起内在于人类的历史生产活动，也正是由于这一点，马克思把这二者之间的矛盾运动视为推动人类社会历史发展的根本矛盾。

在生产力和生产关系二者的矛盾运动中，生产力是主导性的一方。"各民族之间的相互关系取决于每一个民族的生产力、分工和内部交往的发展程度。这个原理是公认的。然而不仅一个民族与其他民族的关系，而且这个民族本身的整个内部结构也取决于自己的生产以及自己内部和外部的交往的发展程度。一个民族的生产力发展的水平，最明显地表现于该民族分工的发展程度。任何新的生产力，只要它不是迄今已知的生产力单纯的量的扩大，都会引起分工的进一步发展。"① 分工意味着个人和个人在不同劳动之间的分配，这本身就意味着在一定社会的劳动组织形式中的人和人之间的经济关系。此外，"一个民族内部的分工，首先引起工商业劳动同农业劳动的分离，从而也引起城乡的分离和城乡利益的对立。分工的进一步发展导致商业劳动同工业劳动的分离。同时，由于这些不同部门内部的分工，共同从事某种劳动的个人之间又形成不同的分工。这种种分工的相互关系取决于农业劳动、工业劳动和商业劳动的经营方式（父权制、奴隶制、等级、阶级）"②。所以，马克思说："分工的各个不同发展阶段，同时也就是所有制的各种不同形式。这就是说，分工的每一个阶段还决定个人在劳动材料、劳动工具和劳动产品方面的相互关系。"③ 各种所有制，也就是各种劳动组织形式是属于从属性的一方，在特定的历史阶段，它们总是被现有的生产力水平所

---

① 《马克思恩格斯选集》第一卷，人民出版社 2012 年版，第 147 页。
② 《马克思恩格斯选集》第一卷，人民出版社 2012 年版，第 147、148 页。
③ 《马克思恩格斯选集》第一卷，人民出版社 2012 年版，第 148 页。

决定。但是，生产关系一经形成，就有了它自身的发展规律。它不会立刻随着生产力的发展变化而立即发展变化。当一种新的生产关系刚刚确立的时候，它通常是适合现有的生产力的发展的，因而会对生产力的发展起到促进和推动的作用；当已有的生产力水平已经飞速发展，但生产关系仍然维持在过去的状态下，它就对生产力的发展起阻碍作用。这种由生产力的发展所引起的生产力和生产关系的矛盾运动，是人类历史发展的最基本矛盾和推动力。生产力和生产关系二者之间的矛盾运动关系是马克思唯物主义历史观所得出的第一个重要抽象。

马克思唯物主义历史观得出的另外两个重要的结论分别为"经济基础决定上层建筑"和"社会存在决定社会意识"。它们也是我们在进行经验的、实证的历史研究时所要时刻牢记的指导原则。

首先我们来看经济基础决定上层建筑。"随着分工的发展也产生了单个人的利益或单个家庭的利益与所有互相交往的个人的共同利益之间的矛盾；而且这种共同利益不是仅仅作为一种'普遍的东西'存在于观念之中，而首先是作为彼此有了分工的个人之间的相互依存关系存在于现实之中。"[1] "正是由于特殊利益和共同利益之间的这种矛盾，共同利益才采取国家这种与实际的单个利益和全体利益相脱离的独立形式，同时采取虚幻的共同体的形式，而这始终是在每一个家庭集团或部落集团中现有的骨肉联系、语言联系、较大规模的分工联系以及其他利益的联系的现实基础上，特别是在我们以后将要阐明的已经由分工决定的阶级的基础上产生的，这些阶级是通过每一个这样的人群分离开来的，其中一个阶级统治着其他一切阶级。从这里可以看出，国家内部的一切斗争——民主政体、贵族政体和君主政体相互之间的斗争，争取选举权的斗争等等，不过是一些虚幻的形式——普遍的东西一般说来是一种虚幻的共同体的形式——，在这些形式下进行着各个不同阶级间的真正的斗争。"[2] 马克思这个重要抽象表明，政治

---

[1] 《马克思恩格斯选集》第一卷，人民出版社2012年版，第163页。
[2] 《马克思恩格斯选集》第一卷，人民出版社2012年版，第164页。

领域的斗争不是单纯的各种政治主义之争、各种价值诉求之争，国家政权层面的政治斗争不过是以虚幻的形式表现出来的经济生活领域的斗争。因此，对各个历史时期政治生活的变化发展的原因分析还是要从经济生活领域的矛盾分析入手。

"社会存在决定社会意识"这一概括要解决的是如何理解人类社会的现实状况和我们关于这个社会现实的意识二者之间的关系这一问题。关于这一问题的解答能直接肃清各种各样的唯心主义历史观的影响。首先，马克思从发生学的意义上阐明了意识的起源。在阐明人类历史活动的几个方面之后，意识才开始进入人的视野。"意识并非一开始就是'纯粹的'意识。'精神'从一开始就很倒霉，受到物质的'纠缠'，物质在这里表现为振动着的空气层、声音，简言之，即语言。语言和意识具有同样长久的历史；语言是一种实践的、既为别人存在因而也为我自身而存在的、现实的意识。语言也和意识一样，只是由于需要，由于和他人交往的迫切需要才产生的……因而，意识一开始就是社会的产物，而且只要人们存在着，它就仍然是这种产物。当然，意识起初只是对直接的可感知的环境的一种意识，是对处于开始意识到自身的个人之外的其他人和其他物的狭隘联系的一种意识。"① 意识随着人类社会历史实践的发展而发展，在促进意识发展的过程中，分工扮演着重要的角色。分工使各个部门、各种形式的劳动者能够专门从事自己所从事的职业，不仅有助于提高个人的劳动能力，而且有助于对于本职工作的深入研究。这一点在脑力劳动这里体现得非常明显。在马克思看来，"分工只是从物质劳动和精神劳动分离的时候起才真正成为分工。从这时候起意识才能现实地想象：它是和现存实践的意识不同的某种东西；它不用想象某种现实的东西就能现实地想象某种东西。从这时候起，意识才能摆脱世界而去构造'纯粹的'理论、神学、哲学、道德等等"②。人类社会历史实践活动是意识产生的直接原因，因此，意识内容也直接源于社

---

① 《马克思恩格斯选集》第一卷，人民出版社 2012 年版，第 160、161 页。
② 《马克思恩格斯选集》第一卷，人民出版社 2012 年版，第 162 页。

会存在。"思想、观念、意识的生产最初是直接与人们的物质活动，与人们的物质交往，与现实生活的语言交织在一起的。人们的想象、思维、精神交往在这里还是人们物质行动的直接产物。表现在某一民族的政治、法律、道德、宗教、形而上学等的语言中的精神生产也是这样。人们是自己的观念、思想等的生产者，但这里所说的人们是现实的、从事活动的人们，他们受自己的生产力和与之相适应的交往的一定发展——直到交往的最遥远的形态——所制约。意识在任何时候都只能是被意识到了的存在，而人们的存在就是他们的现实生活过程。"①

在资本主义生产关系下，资产阶级占据统治地位，因而在社会意识领域，主导的也必然是资产阶级的意识形态。"统治阶级的思想在每一时代都是占统治地位的思想。这就是说，一个阶级是社会上占统治地位的物质力量，同时也是社会上占统治地位的精神力量。支配着物质生产资料的阶级，同时也支配着精神生产的资料，因此，那些没有精神生产资料的人的思想，一般地是受统治阶级支配的。占统治地位的思想不过是占统治地位的物质关系在观念上的表现，不过是表现为思想的占统治地位的物质关系；因而，这就是那些使某一个阶级成为统治阶级的各种关系的表现，因而这也就是这个阶级的统治的思想。此外，构成统治阶级的各个个人也都具有意识，因而他们也会思维；既然他们正是作为一个阶级而进行统治，并且决定着某一历史时代的整个面貌，不言而喻，他们在这个历史时代的一切领域中也会这样做，就是说，他们还作为思维着的人，作为思想的生产者而进行统治，他们调节着自己时代的思想的生产和分配；而这就意味着他们的思想是一个时代的占统治地位的思想。"②

唯心主义历史观除了因作为统治阶级的意识形态而居于主导地位之外，其难以被根除还有另外的原因。"人们在其中生产自己生活的并且不以他们为转移的条件，与这些条件相联系的必然的交往形式以及由这

---

① 《马克思恩格斯选集》第一卷，人民出版社 2012 年版，第 151、152 页。
② 《马克思恩格斯选集》第一卷，人民出版社 2012 年版，第 178、179 页。

一切所决定的个人的关系和社会的关系，当它们以思想表现出来的时候，就不能不采取观念条件和必然关系的形式，即在意识中表现为从一般人的概念中、从人的本质中、从人的本性中、从人自身中产生的规定。人们是什么，人们的关系是什么，这种情况反映在意识中就是关于人自身、关于人的生存方式或关于人的最切近的逻辑规定的观念。于是，在思想家们假定观念和思想支配着迄今的历史，假定这些观念和思想的历史就是迄今存在的唯一的历史之后，在他们设想现实的关系要顺应人自身及其观念的关系，亦即顺应逻辑规定之后，在他们根本把人们关于自身的意识的历史变为人们的现实历史的基础之后，——在所有这一切之后，把意识、观念、圣物、固定观念的历史称为'人'的历史并用这种历史来偷换现实的历史，这是最容易不过的了。"①

通过把对于人类社会历史的理解建立在人的感性对象性的历史实践基础之上，马克思确立了人类历史活动的几个最基本的规定性，结合人类具体历史的经验实证研究并且对这几个最基本的规定性加以分析，马克思确立了诸如"生产力决定生产关系""经济基础决定上层建筑""社会存在决定社会意识"等对人类历史发展规律的概括抽象，从而把人类社会历史发展理解为一个客观的、不以人的意志为转移的发展过程。

在马克思看来，"历史不外是各个世代的依次交替。每一代都利用以前各代遗留下来的材料、资金和生产力；由于这个缘故，每一代一方面在完全改变了的环境下继续从事所继承的活动，另一方面又通过完全改变了的活动来变更旧的环境"②。因此，在进行历史研究的时候，我们只能够"从直接生活的物质生产出发阐述现实的生产过程，把同这种生产方式相联系的、它所产生的交往形式即各个不同阶段上的市民社会理解为整个历史的基础，从市民社会作为国家的活动描述市民社会，同时从市民社会出发阐明意识的所有各种不同的理论产物和形式，如宗

---

① 《马克思恩格斯全集》第三卷，人民出版社 1956 年版，第 199、200 页。
② 《马克思恩格斯选集》第一卷，人民出版社 2012 年版，第 168 页。

教、哲学、道德等等，而且追溯它们产生的过程"①。

马克思唯物史观的建立，不仅仅从思想观念上消除唯心主义历史观的统治地位，使人们能够真实地理解自己的历史处境和历史使命，而且推动了对于现实历史的实证的研究和对于现实历史的物质的、武器的批判。如马克思所言，"在思辨终止的地方，在现实生活面前，正是描述人们实践活动和实际发展过程的真正的实证科学开始的地方……对现实的描述会使独立的哲学失去生存环境，能够取而代之的充其量不过是从对人类历史发展的考察中抽象出来的最一般的结果的概括。这些抽象本身离开了现实的历史就没有任何价值。它们只能对整理历史资料提供某些方便，指出历史资料的各个层次的顺序。但是这些抽象与哲学不同，它们绝不提供可以适用于各个历史时代的药方或公式"②。

从马克思自己的哲学目标来说，在理论上驳倒对手并且创立一个影响深远的哲学理论不是他的根本目的。马克思的根本目的是通过理论揭示现实并在此基础上推动改造现实的革命运动。因此，在建立一般意义上的唯物主义理论之后，马克思的主要任务就变成对于资本主义社会进行批判的、实证的研究。这一研究一方面要揭示资本主义社会作为一个有机的统一体的产生、发展、衰落、灭亡的一般规律和趋势，另一方面为即将到来的无产阶级革命指明道路。

三 马克思的"实践论"内涵逻辑
——资本主义生产方式的内在分析

列宁曾经在《哲学笔记》中表示，马克思虽然没有像黑格尔那样写出《逻辑学》这样的系统的逻辑学著作，但是马克思留下了《资本论》这部大写的逻辑。这里我们需要思考的是，通常我们把马克思的《资本论》或者看作哲学的著作，或者科学的著作，在什么意义上，我们又把

---

① 《马克思恩格斯选集》第一卷，人民出版社2012年版，第171页。
② 《马克思恩格斯选集》第一卷，人民出版社2012年版，第153页。

《资本论》看作一部重要的逻辑著作。换一个说法就是，《资本论》在何种意义上构成了马克思的"逻辑学"？马克思的《资本论》的逻辑，究竟是一种什么意义上的逻辑？

在笔者看来，《资本论》确实构成了马克思意义上的逻辑学。马克思的逻辑学，既不同于亚里士多德的作为检验思维推理是否合乎规定的、工具性的形式逻辑，也不同于黑格尔的作为人类思维活动基础的理性的一般运动发展规律的基础性的"理性论"内涵逻辑。马克思的《资本论》所构成的逻辑，是理解资本主义社会制度作为一个庞大的有机体的发生、发展、灭亡的一般规律的逻辑。这一逻辑是在科学的意义上阐释资本主义社会内在运行机制的实践的、应用的逻辑，这里我们称之为"实践论"的内涵逻辑，以区别于黑格尔的"理性论"的内涵逻辑。

（一）《资本论》的直接对象和理论对象

近几十年对于《资本论》的分析性研究，无论是从哲学的意义上，还是从政治经济学的意义上都取得了相当丰硕的成果。其中对于理解马克思《资本论》具有关键意义的，是关于《资本论》的对象的分析。换句话说，探讨马克思《资本论》的对象与英国古典政治经济学对象的联系与区别，对于我们把《资本论》理解为关于资本主义社会制度的自我生成的逻辑，进而把《资本论》视为解读资本产生、发展、灭亡的具体的内涵逻辑具有十分重要的意义。

首先，毫无疑问的是，现实的具体的资本主义生产方式以及与其相适应的生产关系和交换关系是马克思的《资本论》要研究的直接对象，这一点马克思曾在《资本论》第一版序言中明确表示过。在确立了"实践论"的世界观和唯物主义历史观之后，马克思的最重要工作就是对于现存的资本主义制度进行分析和批判，这不仅是马克思通过其唯物主义历史观所得出的重要结论，同时也与马克思一直所坚持的"推动现存世界的革命化"这一理想相契合。因此，经验的、现实存在的资本主义社会制度直接构成了马克思的政治经济学批判的直接的对象。经验的、现实的资本主义社会制度作为马克思的《资本论》的研究对象，还有另外一个令人信服的佐证。马克思在对资本主义社会内在运行机制进行理论分析的时候，多次结合运用了大量的经验的经济现象、经济事实来分析说明。这足以令人信服地说明，马克思的《资本论》对于资本主义社会生产机制的分析，是建立在大量的经验的、实证的研究基础之上的，现实的、经验的资本主义社会的生产机制，构成了马克思《资本论》的直接对象。

马克思《资本论》研究的直接对象是资本主义生产方式，这是不是意味着《资本论》对于资本主义生产方式的研究要从生产入手，并且按照资本主义生产方式的经验的、现实的历史顺序展开相应的论述呢？对这一问题的回答能够阐明为什么我在这里要提出《资本论》的对象这一问题，同时也有助于阐明为什么我们说《资本论》构成了马克思的"实践论"的内涵逻辑。

资本主义的生产方式构成了《资本论》的直接对象，因此，马克思在《1857—1858年经济学手稿》中指出，"摆在面前的对象，首先是物质生产……在社会中进行生产的个人，——因而，这些个人的一定社会性质的生产，当然是出发点"①。从直接对象的意义上，马克思和英国古典政治经济学都以现实的资本主义生产方式为对象，但马克思所理解的出发点和斯密、李嘉图等人的出发点不同。斯密和李嘉图把自由的个人当作资本主义生产的出发点，而在马克思看来，个人总是处于特定的社会形式中，因而特定的进行物质生产的个人总是具有不同的社会性质。同斯密把独立的个人当作历史的起点不同，马克思把它看作历史的结果，而且是资本主义社会发展的结果。"我们越往前追溯历史，个人，从而也是进行生产的个人，就越表现为不独立，从属于一个较大的整体：最初还是十分自然地在家庭和扩大成为氏族的家庭中；后来是在由氏族间的冲突和融合而产生的各种形式的公社中。只有到18世纪，在'市民社会'中，社会联系的各种形式，对个人说来，才表现为只是达到他私人

---

① 《马克思恩格斯选集》第二卷，人民出版社2012年版，第683页。

目的的手段，才表现为外在的必然性。但是，产生这种孤立个人的观点的时代，正是具有迄今为止最发达的社会关系的时代。"① 因此，马克思强调，"说到生产，总是指在一定社会发展阶段上的生产——社会个人的生产。因而，好像只要一说到生产，我们或者就要把历史发展过程在它的各个阶段上——加以研究，或者一开始就要声明，我们指的是某个一定的历史时代，例如，是现代资产阶级生产——这种生产事实上是我们研究的本题"②。

马克思以资本主义生产方式作为自己的直接对象，这并不意味着资本主义社会生产方式的自然史是马克思要分析研究的对象。换句话说，马克思《资本论》通过特定的概念范畴的理论体系，所阐明的是我们如何理解作为一个有机体的资本主义生产方式的自我形成和发展的机制。马克思的《资本论》通过自己的理论构建起了自身的理论对象，这个理论对象不同于直接对象，它是我们理解资本主义生产方式作为一个有机体所必须采取的方式，它和资本主义生产方式的自然发生史在顺序和结构上都有鲜明的差异。《资本论》要呈现给我们的，是在人类理性思维中再现出来的资本主义生产方式的思维规定的具体，是在思想观念中把握到的具体的自我形成的、自我发展的社会有机体。但是，资本主义生产方式的自然发生史只是给我们提供了感性直观的具体。按照马克思的理解，从感性直观的具体上升到思维综合中的具体，需要走"两条道路"。"在第一条道路上，完整的表象蒸发为抽象的规定；在第二条道路上，抽象的规定在思维行程中导致具体的再现。"③ "第一条道路是经济学在它产生时期在历史上走过的道路。例如，十七世纪的经济学家总是从生动的整体，从人口、民族、国家、若干国家等等开始；但是他们最后总是从分析中找出一些有决定意义的抽象的一般关系，如分工、货币、价值等等。"④ 在获得了这些抽象规定之后，"从劳动、分工、需要、交换价值

① 《马克思恩格斯选集》第二卷，人民出版社 2012 年版，第 684 页。
② 《马克思恩格斯选集》第二卷，人民出版社 2012 年版，第 685 页。
③ 《马克思恩格斯选集》第二卷，人民出版社 2012 年版，第 701 页。
④ 《马克思恩格斯选集》第二卷，人民出版社 2012 年版，第 700 页。

等等这些简单的东西上升到国家、国际交换和世界市场的各种经济学体系就开始出现了"①。在这个时候，我们通过抽象规定而形成的人口、民族、国家就不再是在感性直观上具体，在思维规定上抽象的对象了，它已经表现为多种思维规定的统一和综合的结果，因而是思维规定的具体的结果了。马克思把从抽象上升到具体的方法视为科学的方法，马克思《资本论》的任务，就是从理论上揭示资本主义这个庞大的有机统一体的发生、发展和灭亡的秘密，从而在理论的意义上具体地把握资本主义社会制度，为无产阶级革命指明道路和方向。在《资本论》要用理论的方式把资本主义生产方式把握为一个有机统一体的意义上，它构建了它自身的理论对象，这一对象我们无法用直观的方式获得，而只能用概念范畴的方式加以建构和阐释。

在理解马克思《资本论》的理论对象这一问题上，阿尔都塞通过《读〈资本论〉》给我们提供了很多有建设性的思想。阿尔都塞认为，马克思在《资本论》中提出了和英国古典经济学理论不同的研究对象，而这一新对象的提出关键在于马克思提出了不同于英国古典经济学的"总问题"，虽然马克思并没有明确意识到他自己已经提出了新的不同于古典经济学的研究对象。马克思在《资本论》中使用了"使用价值""剩余价值"等概念来分析和理解资本主义社会生产运动的一般过程及其内在规律，这引起了古典经济学者们的尖锐批判。按照阿尔都塞的理解，马克思提出这些概念的关键原因，在于通过他的研究，他发现了不同于古典经济学的资本主义社会的总体结构，正是在对这个总体结构的分析和理解中，"使用价值""剩余价值"等概念成为其理论体系中不可或缺的核心概念。也正是通过这些新概念的提出，马克思确立了一个不同于古典经济学的理论对象，通过对这个新理论对象形成和发展方式的独特解释，马克思建立了关于资本主义社会发展的历史科学。

在阿尔都塞看来，要理解马克思的《资本论》的独特的理论对象，必须首先把《资本论》的直接的、经验现实对象同其理论对象区分开

---

① 《马克思恩格斯选集》第二卷，人民出版社 2012 年版，第 700 页。

来。资本主义社会作为一个复杂的社会生产体系，其内部结构和一般发展进程是不可能通过经验的、直观的方式向我们呈现出来的。"经济生产时代作为特殊的时代是复杂的、非线性的时代，是时代中的时代，是不能在生活和时钟的时间连续性中读出来的复杂的时代，是一个必须从生产的固有的结构出发来建立的复杂的时代。"① 因此，"马克思所分析的资本主义经济生产时代，应该在它的概念中建立起来。这个时代的概念应该从构成生产、流通和分配这些不同活动的不同节拍这一现实出发建立起来……经济生产时代完全不是一个可以直接在某一过程中直接阅读出来的时代。这是一个在本质上不可见的、不可阅读的时代，它同资本主义生产整个过程的现实本身一样是不可见的和不透明的。这个时代只有作为我们刚才谈到的不同时代、不同节拍、不同周转的复杂的'交织'才能在其概念上被理解。这种概念像一切概念一样，从来没有直接'存在'过，在其可见的现实中从来不能阅读出来。这个概念同一切概念一样，必须被生产出来，被建立起来"②。

在《1857—1858 年经济学手稿》中，马克思指出，"具体之所以具体，因为它是许多规定的综合，因而是多样性的统一。因此它在思维中表现为综合的过程，表现为结果，而不是表现为起点，虽然它是现实中的起点，因而也是直观和表象的起点……从抽象上升到具体的方法，只是思维用来掌握具体并把它当做一个精神上的具体再现出来的方式。但决不是具体本身的产生过程"③。对此，阿尔都塞认为，"马克思这里的关键论点是把现实和思维区别开来的原则。现实及其各个不同方面即现实的具体、现实的过程、现实的整体是一回事；现实的思维及其各个不同方面即思维的过程、思维的整体、思维的具体是另一回事"④。在阿

①　［法］路易·阿尔都塞、艾蒂安·巴里巴尔：《读〈资本论〉》，李其庆、冯文光译，中央编译出版社 2008 年版，第 88 页。
②　［法］路易·阿尔都塞、艾蒂安·巴里巴尔：《读〈资本论〉》，李其庆、冯文光译，中央编译出版社 2008 年版，第 88、89 页。
③　《马克思恩格斯选集》第二卷，人民出版社 2012 年版，第 701 页。
④　［法］路易·阿尔都塞、艾蒂安·巴里巴尔：《读〈资本论〉》，李其庆、冯文光译，中央编译出版社 2008 年版，第 75 页。

尔都塞看来，马克思确立了现实的具体和思维的具体的差别，同时也就表明了我们无法直接从思维的具体达到思维中的具体。因此，思维中的具体的产生，只能是理论家通过自己的理论活动生产出来的。也就是说，马克思的《资本论》通过认识活动所产生的思维中的新的具体，建构了思维中所把握到的资本主义生产方式的结构总体性、结构统一性，这个具有结构的有机统一性的资本主义生产方式总体，就是《资本论》的理论对象。它是马克思通过"使用价值""剩余价值"等新的核心概念生产出来的理论对象。阿尔都塞认为："一种新的认识的产生过程必然要通过它的（概念）的对象不断的演变才能够实现；这个演变同认识史是一致的，其结果必然要产生同现实对象相联系的新的认识（新的认识对象），而对现实对象的认识又随着认识对象的改变而深化。"①

　　概括地说，阿尔都塞的观点就是强调马克思的《资本论》中的新的理论对象的建构，这一建构首先基于马克思对于资本主义社会总体结构的新的理解，在此基础上，马克思通过一系列概念把资本主义社会作为一个庞大的、有机统一的社会生产运行机制揭示出来，从而创造了新的理论对象，也形成了关于新的理论对象的理论认识。阿尔都塞的许多观点在马克思的相关著作中都能找到有力支撑。关于资本主义社会结构的特殊性，马克思强调："在研究经济范畴的发展时，正如在研究任何历史科学、社会科学时一样，应当时刻把握住：无论在现实中或在头脑中，主体——这里是现代资产阶级社会——都是既定的；因而范畴表现这个一定社会的、这个主体的存在形式、存在规定、常常只是个别的侧面；因此，这个一定社会在科学上也决不是在把它当做这样一个社会来谈论的时候才开始存在的。这必须把握住，因为这对于分篇直接具有决定的意义。例如，从地租开始，从土地所有制开始，似乎是再自然不过的了，因为它是同土地结合着的，而土地是一切生产和一切存在的源泉，并且它又是同农业结合着的，而农业是一切多少固定的社会的最初

① ［法］路易·阿尔都塞、艾蒂安·巴里巴尔：《读〈资本论〉》，李其庆、冯文光译，中央编译出版社2008年版，第141页。

的生产方式。但是，这是最错误不过的了。在一切社会形式中都有一种一定的生产支配着其他一切生产的地位和影响，因而它的关系也支配着其他一切关系的地位和影响。这是一种普照的光，一切其他色彩都隐没其中，它使它们的特点变了样。这是一种特殊的以太，它决定着它里面显露出来的一切存在的比重。"① 在资本主义社会中，资本是支配一切的社会权利，因此它必须既成为起点又成为终点。"因此，把经济范畴按它们在历史上起决定作用的先后次序来安排是不行的，错误的。它们的次序倒是由它们在现代资产阶级社会中的相互关系决定的，这种关系同看来是它们的合乎自然的次序或者同符合历史发展次序的东西恰好相反。问题不在于各种经济关系在不同社会形式的相继更替的序列中在历史上占有什么地位，更不在于它们在'观念上'的次序。而在于它们在现代资产阶级社会内部的结构。"②

结合马克思的相关论述和阿尔都塞对马克思《资本论》的解读，我们不难看出：尽管马克思的《资本论》的直接对象是现实的资本主义生产方式，但要形成对这个直接对象的总体性的、规律性的把握，我们却不能按照其经验的、现实历史的发展顺序去认识它，我们必须从资本主义社会的总体结构出发，从在这个社会结构中居于统治地位的因素出发去再现资本主义生产方式作为一个总体的一般运动规律。因此，通过《资本论》中一系列概念范畴，马克思把资本主义生产方式理解为一个有机整体并作为理论对象建构起来，从而在思维规定的具体中，阐释了这个有机体是如何发生、发展的。在马克思《资本论》以资本发展的逻辑再现了资本主义社会这个复杂有机体的发展的规律这意义上，它构成了资本形成、发展和灭亡的逻辑，也就是马克思在人类感性对象性实践的基础上所建立的关于现存社会发展的内涵逻辑。

（二）在思维行程中再现现实的具体——《资本论》的方法

我们把《资本论》理解为马克思的"实践论"的内涵逻辑，一个

---

① 《马克思恩格斯选集》第二卷，人民出版社 2012 年版，第 707 页。
② 《马克思恩格斯选集》第二卷，人民出版社 2012 年版，第 708 页。

不可回避的话题就是如何理解马克思在《资本论》中所运用的方法。或者换一种方式表达，马克思在《资本论》中的方法和所谓的"实践论"的内涵逻辑究竟是什么关系。关于这一问题的回答，直接决定了我们把《资本论》视为马克思的"实践论"的内涵逻辑的合理性程度。

正确理解《资本论》的研究方法最为关键的是要解决下面的问题：第一，马克思在《资本论》中运用的究竟是什么样的方法；第二，马克思对于自己研究方法的定位。关于这两个方法的回答都牵涉马克思的方法和黑格尔辩证方法的联系与区别。

首先我们结合马克思自己的相关论述来理解他自己在《资本论》中所运用的方法。马克思在《1857—1858年经济学手稿》中直接称"从抽象上升到具体的方法"为科学上正确的方法。这里面所说的从抽象上升到具体，指的是从思维规定上的抽象到思维规定性上的具体，而不是从感性的具体直接上升到思维规定上的抽象。因此，这种方法是有前提的，这个前提就是各种抽象的思维规定的形成，这个前提是由17世纪的经济学家的理论工作所提供的，"十七世纪的经济学家总是从生动的整体，从人口、民族、国家、若干国家等等开始；但是他们最后总是从分析中找出一些有决定意义的抽象的一般的关系，如分工、货币、价值等等"①。17世纪经济学家的思想道路是马克思所说的"第一条道路"，"在第一条道路上，完整的表象蒸发为抽象的规定"②。马克思所说的科学上正确的方法是"第二条道路"，"在第二条道路上，抽象的规定在思维行程中导致具体的再现……从抽象上升到具体的方法，只是思维用来掌握具体并把它当做一个精神上的具体再现出来的方式。但决不是具体本身的产生过程"③。马克思这里所提出的从抽象上升到具体的方法包括两个方面：首先，只有运用从抽象上升到具体的方法，我们才能够把对象把握为一个多种规定综合统一的思维规定中的具体对象；其次，

---

①　《马克思恩格斯选集》第二卷，人民出版社2012年版，第700页。
②　《马克思恩格斯选集》第二卷，人民出版社2012年版，第701页。
③　《马克思恩格斯选集》第二卷，人民出版社2012年版，第701页。

从抽象上升到具体的方法以现实的感性具体的发展以及对感性具体的理论概括和抽象为前提。没有感性对象的具体发展就不会有思维规定中的具体对象，没有对于感性对象发展的理论抽象和概括，从抽象上升到具体的思想进程就没有坚实可靠的思想起点。

关于从抽象上升到具体的方法，马克思在《资本论》第二版的跋文中又给了我们具体的解释，"在形式上，叙述方法必须与研究方法不同。研究必须充分地占有材料，分析它的各种发展形式，探寻这些形式的内在联系。只有这项工作完成以后，现实的运动才能适当地叙述出来。这点一旦做到，材料的生命一旦观念地反映出来，呈现在我们面前的就好像是一个先验的结构了"①。也就是说，从抽象上升到具体的方法是马克思把资本主义生产方式作为一个有机整体的对象展示出来的叙述的方法，这里的具体是思维的综合的产物，表现为思维活动的结果，这些都是以现实的具体发展为前提的。所以，马克思强调他在《资本论》中的辩证方法和黑格尔辩证方法的区别，"我的辩证方法，从根本上来说，不仅和黑格尔的辩证方法不同，而且和它截然相反。在黑格尔看来，思维过程，即他称为观念而甚至把它变成独立主体的思维过程，是现实事物的创造主，而现实事物只是思维过程的外部表现。我的看法则相反，观念的东西不外是移入人的头脑并在人的头脑中改造过的物质的东西而已"②。马克思批判黑格尔辩证法的神秘的、唯心主义的特性，但他仍然认为黑格尔的辩证法为我们在思维中再现提供了非常好的具体范例。"辩证法在黑格尔手中神秘化了，但这决不妨碍他第一个全面地有意识地叙述了辩证法的一般运动形式。在他那里，辩证法是倒立着的。必须把它倒过来，以便发现神秘外壳中的合理内核。"③

在上述对于黑格尔辩证法的评价中，马克思表明了他对于"从抽象上升到具体的方法"的定位，即揭示资本主义生产方式内在结构的叙述

---

① 马克思：《资本论》第一卷，人民出版社 2004 年版，第 21、22 页。
② 马克思：《资本论》第一卷，人民出版社 2004 年版，第 22 页。
③ 马克思：《资本论》第一卷，人民出版社 2004 年版，第 22 页。

方法。这种叙述方法就是体现在《资本论》中的马克思的辩证方法。对马克思《资本论》的辩证方法的分析既能阐明马克思对于辩证思维、辩证方法、理论与现实关系的独特理解，同时它也关联着马克思和黑格尔之间错综复杂的批判与继承的关系。

在马克思看来，思维规定在思维过程中所再现的具体，其本质是观念的东西，而"观念的东西不外是移入人的头脑并在人的头脑中改造过的物质的东西而已"①。因此，在《资本论》中，从商品的二重性到劳动的二重性进而把资本的矛盾运动的一般进程从这一较为抽象的范畴到较为具体的范畴的一般思维进程，并不必然和资本发展的一般进程相符。按照此前马克思自己的说法，他是按照资本主义社会生产方式内部结构的特殊性出发去揭示资本发展的一般进程的。在资本主义特定的社会结构中，商品、商品交换是贯穿一切关系的最基本的原则，对于地租、工资等经济形式的考察必须从商品交换关系入手。因此，马克思在《资本论》开篇的第一章，既不从现实的资本主义生产关系萌芽时的社会生产入手，也不从最为抽象的一般生产的分析入手，而是从对于商品的分析入手。这直接表明，《资本论》诸篇章、诸经济范畴之间的逻辑联系，体现的不是资本主义生产方式自然发展历史的逻辑，而是资本主义社会经济结构作为有机总体的结构形成的逻辑。

作为有机总体的结构形成的逻辑，其概念范畴之间的关系不是对现实的经济关系发展历史的经验描述，而是对现实社会经济结构的思维改造后的叙述。因此，在经济范畴和现实历史之间体现出多种多样的关系。

首先，"比较简单的范畴可以表现一个比较不发展的整体的处于支配地位的关系，或者可以表现一个比较发展的整体的从属关系，后面这些关系，在整体向着以一个比较具体的范畴表现出来的方面发展之前，在历史上已经存在。在这个限度内，从最简单上升到复杂这个抽象思维

_____

① 马克思：《资本论》第一卷，人民出版社 2004 年版，第 22 页。

的进程符合现实的历史过程"①。其次，"比较简单的范畴，虽然在历史上可以在比较具体的范畴之前存在，但是，它的充分深入而广泛的发展恰恰只能属于一个复杂的社会形式，而比较具体的范畴在一个比较不发展的社会形式中有过比较充分的发展"②。关于这一点，马克思特别以劳动这一范畴为例说明了现代社会发达的社会结构对于我们形成"劳动"这一高度抽象的简单范畴的重要作用。"在经济学上从这种简单性上来把握的'劳动'，和产生这个简单抽象的那些关系一样，是现代的范畴……对任何种类劳动的同样看待，以一个十分发达的实在劳动种类的总体为前提，在这些劳动种类中，任何一种劳动都不再是支配一切的劳动。所以，最一般的抽象总只是产生在最丰富的具体的发展的地方，在那里，一种东西为许多所共有，为一切所共有。这样一来，它就不再只是在特殊形式上才能加以思考了。另一方面，劳动一般这个抽象，不仅仅是具体的劳动总体的精神结果。对任何种类劳动的同样看待，适合于这样一种社会形式，在这种社会形式中，个人很容易从一种劳动转到另一种劳动，一定种类的劳动对他们说来是偶然的，因而是无差别的。这里，劳动不仅在范畴上，而且在现实中都是创造财富一般的手段，它不再是在一种特殊性上同个人结合在一起的规定了。"③"劳动这个例子确切地表明，哪怕是最抽象的范畴，虽然正是由于它们的抽象而适用于一切时代，但是就这个抽象的规定性本身来说，同样是历史关系的产物，而且只有对于这些关系并在这些关系之内才具有充分的意义。"④

正是出于经济范畴与现实历史复杂的关系，马克思强调，"把经济范畴按它们在历史上起决定作用的先后次序来安排是不行的，错误的。它们的次序倒是由它们在现代资产阶级社会中的相互关系决定的，这种关系同看来是它们的合乎自然的次序或者同符合历史发展次序的东西恰好相反。问题不在于各种经济关系在不同社会形式的相继更替的序列中

---

① 《马克思恩格斯选集》第二卷，人民出版社 2012 年版，第 702 页。
② 《马克思恩格斯选集》第二卷，人民出版社 2012 年版，第 703 页。
③ 《马克思恩格斯选集》第二卷，人民出版社 2012 年版，第 704 页。
④ 《马克思恩格斯选集》第二卷，人民出版社 2012 年版，第 705 页。

在历史上占有什么地位，更不在于它们在'观念上'的次序。而在于它们在现代资产阶级社会内部的结构"①。

马克思关于经济范畴与现实历史之间的关系的论述以及他对于《资本论》分篇的计划表明：《资本论》所呈现给我们的历史，不是资本的自然发展史；《资本论》呈现给我们的逻辑，不是资本主义生产方式自然发展的逻辑；而是资本主义经济结构形成过程的逻辑呈现。

《资本论》研究的是现实的资本主义生产方式，而资本主义生产方式产生的现实结果就是积累起来的社会财富（资本）聚集在少数大资本家手中，而绝大多数的工人依靠出卖自己的劳动力为生，这就是资本主义生产方式所形成的不可消除的巨大社会对立——雇佣劳动和资本的对立，这一对立随着资本的产生而产生，随着资本的发展而逐步加剧，资本的逐渐增殖构成了这一矛盾对立的直接原因，资本是《资本论》的当然主题。那么资本是从何而来的呢？马克思通过对于商品的二重性的分析、劳动的二重性分析、使用价值与交换价值的分析、劳动力作为商品的特殊性的分析揭示了社会财富来源的秘密，也就揭示了资本来源的秘密。工人的生产实践是资本增殖的直接来源，工人的生产实践在特定的生产关系之下造成了劳动者和劳动成果的分离和对立，最终形成了雇佣劳动和资本的对立。因此，在《资本论》中，实践——尤其是工人的感性对象性的生产实践，构成了资本增殖以及资本和雇佣劳动相互对立的深层基础。马克思《资本论》的伟大之处，就在于从具体的、现实的工人的现实生产实践出发，通过对这一实践在特定社会关系下的开展，揭示了社会财富激增、社会矛盾激化的秘密。从这个意义上说，《资本论》作为资本自我增殖的逻辑、自我瓦解的逻辑，其根源都在于特定社会关系下人的生产实践的不断发展。因此，如果我们把马克思的《资本论》解读为资本自我发展的、自我瓦解的内涵逻辑，这一逻辑是建立在马克思关于人类历史的"实践论"的基础之上的。正如我们前文所说，马克思对于资本主义生产方式的分析以马克思的"实践论"的世界观为前

---

① 《马克思恩格斯选集》第二卷，人民出版社 2012 年版，第 708 页。

提，以马克思关于人类历史的唯物主义的历史观为前提，同时，在对资本主义生产方式这个现实对象进行分析时，马克思也是从现实的感性对象性的物质生产实践入手，通过对这个现实物质生产实践的客观条件和具体发展的分析，马克思才解开了资本主义社会财富增长的秘密，同时也揭示了资本主义社会发展的一般规律，进而为人类社会的发展指明了方向。马克思《资本论》作为不同于黑格尔的关于理性的"理性论"的内涵逻辑，是建立在人类现实的感性对象性实践基础之上的，是建立在对这一实践的具体的、历史的分析基础上的，笔者把它称为"实践论"的内涵逻辑。

（三）作为具体的、应用逻辑的《资本论》

笔者把马克思的《资本论》看作马克思的"实践论"的内涵逻辑，以区别于黑格尔的"理性论"的内涵逻辑。这个提法不仅仅意味着马克思的《资本论》构成了不同于黑格尔的《逻辑学》的"内涵逻辑"，更为重要的是，它对于我们理解逻辑、理解人类认识提出了一种新的理解。这一理解与马克思在《德意志形态》中所提出的唯物主义历史观相一致，它要求我们放弃传统认识观念中的超验的、永恒的绝对真理这一目标，把认识理解为在感性对象性历史实践中所形成的具体的、有限的、历史性的认识。在此基础上，任何脱离了人的感性对象性历史实践的认识，都应该放到人类的历史实践中加以检验，这样一来，关于超验的、超历史的绝对真理的追求，也就被终结了。

《资本论》作为"实践论"的内涵逻辑，其不同于黑格尔"理性论"内涵逻辑的关键之点，在于它是一种具体的、应用的逻辑。作为一种具体的、应用的逻辑，马克思的"实践论"的内涵逻辑同"理性论"的内涵逻辑具有不同的哲学基础、不同的对象，也有不同的辩证方法。

首先，马克思的"实践论"的内涵逻辑与黑格尔的"理性论"内涵逻辑的哲学基础不同。黑格尔的"理性论"的内涵逻辑，建立在思维与存在、事情本身与方法、思维内容与思维形式的无条件的统一基础之上。黑格尔哲学的目标，是论证理性作为客观真理的地位，是在最基础的层面确立理性的权威。黑格尔面对的是近代哲学造成的思维和存在的对立和分裂,这一分裂在康德和费希特那里仍然没有最终消除。在黑格尔看来,近代以来思维和存在之间的对立无法解决的根源在于:在思想前提下,哲学家们已经把思维和存在设定为是相互对立的,这一点在康德哲学中体现为现象和物自体、思维和直观之间的对立。所以黑格尔认为,"一切问题的关键在于:不仅仅把真实的东西或真理理解和表述为实体,而且同样理解和表述为主体……实体性自身既包含着共相或知识自身的直接性,也包含着存在或作为知识之对象的那种直接性"①。通过这一设定,实体同时被设定为存在和关于存在的知识,思维和存在二者在直接性上就是统一的。当然,在黑格尔那里,这二者之间的具体的统一还需要经过理性的辛苦的劳作才能达成。通过这一设定,客观的理性、精神就成为黑格尔哲学的唯一真实的对象,其哲学任务就变成了论证理性、精神如何通过自身的运动达到知识对象和知识自身的统一性认识。这样一来,客观的理性、精神就成了黑格尔所要面向是"事情本身"。在黑格尔那里,作为"事情本身"的理性和作为方法的"概念辩证法"也是统一的。客观理性、精神,作为主体是不断发展自身,同时也不断认识自身的。"精神的本质在于它的活动。"② 精神的本性是自由的,精神的事业就是认识自己。"精神的发展过程是自身超出、自身分离,并且同时是自身回复的过程。"③ 黑格尔的概念辩证法所揭示的恰恰是精神发展的一般过程,是精神自身运动的本质规律,黑格尔强调,"方法不是别的,正是全体的结构展示在它自己的纯粹本质里"④。在这个意义上,黑格尔的概念辩证法不外在于精神、理性的自我运动和自我

---

① 〔德〕黑格尔:《精神现象学》上卷,贺麟、王玖兴译,商务印书馆 1979 年第二版,第 10 页。

② 〔德〕黑格尔:《哲学史讲演录》第一卷,贺麟、王太庆译,商务印书馆 1959 年版,第 36 页。

③ 〔德〕黑格尔:《哲学史讲演录》第一卷,贺麟、王太庆译,商务印书馆 1959 年版,第 28 页。

④ 〔德〕黑格尔:《精神现象学》上卷,贺麟、王玖兴译,商务印书馆 1979 年第二版,第 31 页。

认识，而恰恰是这一过程的自我展开和自我揭示。概念辩证法所揭示的恰恰是精神、理性自身的运动"节奏"，黑格尔的辩证法之所以是客观的逻辑，其根据就在于它同精神、理性是内在统一的。

在概念辩证法与精神、理性内在统一的基础上，黑格尔概念辩证法的形式和内容也实现了内在的统一。在谈到概念思维、思辨的思维时，黑格尔既反对沉浸在感性材料里的表象思维，同时也反对把思维形式看成是可以任意调动思维内容的原则。在他看来，概念思维的特征是把精神、理性的自由沉入内容，"让内容按照它自己的本性，即按照他自己的自身而自行运动，并从而考察这个运动"①。因此，概念思维作为思维形式并不是外在于思维内容，外在于精神、理性的自身运动。或者说，作为思维形式，概念思维的规定性就是思想内容自身运动的内在"节奏"和规律。思维形式不是外在地强加给思维内容的，思维形式就是思维内容自身反映、自身规定的一般规律。

黑格尔建立"理性论"的内涵逻辑的关键是：以逻辑在先的方式首先确立了思维同存在、事情本身与方法、思维形式与思维内容的统一，在此基础上，通过概念辩证发展的进程把这一有机统一体发展出来也就顺理成章、水到渠成了。与黑格尔不同，马克思《资本论》的实践论的内涵逻辑建立在思维与存在、事情本身与方法、思维内容与思维形式的差异性的基础之上。

关于在《资本论》中采用的方法，马克思曾公开表明："我的辩证方法，从根本上来说，不仅和黑格尔的方法不同，而且和它截然相反。在黑格尔看来，思维过程，即甚至被他在观念这一名称下转化为独立主体的思维过程，是现实事物的造物主，而现实事物只是思维过程的外部表现。我的看法则相反，观念的东西不外是移入人的头脑并在人的头脑中改造过的物质的东西而已。"② 马克思在这里表明了他和黑格尔关于

---

① ［德］黑格尔：《精神现象学》上卷，贺麟、王玖兴译，商务印书馆1979年第二版，第40页。

② 马克思：《资本论》第一卷，人民出版社2004年版，第22页。

"事情本身"的不同理解。在黑格尔哲学那里，理性、精神的发展才是事物的根本，才是逻辑学需要加以揭示的实质性的东西，现实的历史不过是理性在认识自身之前把自己对象化的一个必要环节，这一环节和理性真理本身相比较是非本质的、不重要的。相反，在马克思那里，由人类的感性对象性实践所改造的社会历史现实才是哲学家应该关注的重点，"哲学家们只是用不同的方式解释世界，问题在于改变世界"[1]，"对实践的唯物主义者，即共产主义者说来，全部问题都在于使现存世界革命化，实际地反对和改变事物的现状"[2]。观念只不过是在人们头脑中反映出来的人们的现实生活的回音和回响。"事情本身"是活生生的、感性的、现实的历史活动，各种各样的理论则是这一活动过程在人的头脑中的反映。

马克思关于现实历史作为"事情本身"的观点，不仅从根本上颠倒了黑格尔的头足倒立的唯心主义观点，同时也表明了马克思对于思维和存在二者之间差异性关系的理解。纵观马克思一生的理论批判工作，对宗教学说、法律和国家学说、经济学说的批判是其核心内容。其根本原因在于，这些学说作为从属于统治阶级的意识形态，其作用不是揭示现实历史的真实矛盾，而是曲解现实、掩盖现实，以利于阶级统治。通常情况下，这些理论思想和现实历史存在之间不相互一致，而是交流差异和矛盾。这表明，马克思所理解的思维和存在之间的关系也是交流矛盾的。现实历史自身的矛盾在很多时候没有被为数众多的意识形态的各种形式所反映。因此，马克思极力反对通过各种各样的意识形态理论去理解现实，而是主张通过批判各种各样的意识形态、穿透意识形态的迷雾，从而去认清真正的现实。总之，在马克思的思想中，思维和存在之间更多的时候体现出差异性和矛盾，而非同一性。

马克思关于概念范畴与现实历史之间错综复杂的关系中也证实了马克思的这一立场。马克思不否认在某种条件下从最简单到最复杂这个抽

① 《马克思恩格斯选集》第一卷，人民出版社 2012 年版，第 136 页。
② 《马克思恩格斯选集》第一卷，人民出版社 2012 年版，第 155 页。

象思维的进程符合现实的历史过程。但是，"进一步分析会发现比较简单的范畴，虽然在历史上可以在比较具体的范畴之前存在，但是，它在深度和广度上的充分发展恰恰只能属于一个复杂的社会形式，而比较具体的范畴在一个比较不发展的社会形式中有过比较充分的发展"①。正是意识到理论和现实之间的差异性，马克思在《资本论》中强调自己的方法是叙述的方法，是在思维中再现资本主义社会生产具体结构的方法，并且这一方法有着不可或缺的前提：即充分地占有材料，分析资本主义的各种发展形式，探寻这些形式的内在联系。

在马克思的《资本论》中，构成其直接研究对象的资本主义生产方式就是马克思所面向的"事情本身"，马克思《资本论》所采取的方法即从抽象上升到具体的叙述方法，在"事情本身"和方法之间存在诸多的差异性。作为直接的研究对象，资本主义生产方式产生于过去的社会历史活动，属于特定的历史时代的特定生产结构。作为方法，《资本论》的研究方法取决于特定的研究主体——马克思本人。前者是人类特定历史时期人类实践的产物，是物质化、结构化了的客观现实，后者是以特定的方式在思想中再现现实的方法。这二者之间的差异性主要通过经济范畴和现实历史之间的错综复杂的关系体现出来。一方面，从抽象上升到具体的经济范畴的发展可能与现实的历史发展相一致；另一方面，最为抽象的范畴产生于最为复杂的社会结构内部，因而是现代社会的产物，因此与现实历史的发展截然相反。马克思强调，在阐明资本主义生产方式的形成机制时，诸经济范畴之间的逻辑顺序的安排不能依照其在历史中起决定作用的次序，而应该以它们在现代资产阶级社会内部结构中的决定作用为依据。"在一切社会形式中都有一定的生产决定其他一切关系的地位和影响，因而它的关系也决定其他一切关系的地位和影响。这是一种普照的光，它掩盖了一切其他色彩，改变着它们的特点。这是一种特殊的以太，它决定着它里面显露出来的一切存在的比重。"②

---

① 《马克思恩格斯选集》第二卷，人民出版社 2012 年版，第 703 页。
② 《马克思恩格斯选集》第二卷，人民出版社 2012 年版，第 707 页。

马克思对于经济范畴在《资本论》中出现的顺序安排表明，他在《资本论》中所呈现出来的资本主义生产方式的发展，只是以有机统一体的方式再现出来的资本主义生产方式的一般发展过程，它与现实的资本主义历史的发展不是一回事。"具体总体作为思维总体、作为思维具体，事实上是思维的、理解的产物；但是，决不是处于直观和表象之外或驾于其上而思维着的、自我产生着的概念的产物，而是把直观和表象加工成概念这一过程的产物。整体，当它在头脑中作为思维整体而出现时，是思维着的头脑的产物，这个头脑用它所专有的方式掌握世界，而这种方式是不同于对世界的艺术的、宗教的、实践—精神的掌握的。实在主体仍然是在头脑之外保持着它的独立性；只要这个头脑还仅仅是思辨地、理论地活动着。"①

在《资本论》中，马克思的思维内容和思维形式之间也存在着差异性。从《资本论》的直接对象上来看，马克思用经济学范畴所建立起来的资本主义生产方式有机整体显然不同于资本主义生产制度的现实形成过程。在《资本论》中，诸经济范畴之间的联系是通过分析、综合、推理等方式建立起来的。而在现实的资本主义生产中，各种经济形式之间的关联是直接内在于资本主义社会的总体结构的，其联系是直接的，基于感性现实的，不需要经过理性的分析、综合等形式就可以直接存在。从《资本论》的理论对象上来看，作为马克思通过经济范畴建立起来的复杂的结构统一体，其结构内部各要素之间的关系是同时并存的，它是一个多重矛盾综合统一的整体，一旦这个整体被建立起来，这些矛盾就同时存在并且对这个结构整体的平衡持续发生作用。但作为对这个结构整体进行分析的叙述方法，马克思只能从最基础的、最简单的矛盾出发，通过对这个矛盾的分析深入地展开其他矛盾的分析。也就是说，对于资本主义生产方式这个具有空间性结构的总体，在叙述它的形成机制时，我们只能用概念之间相互联系和转化的时间性的方式去展现它。因此，马克思在谈到自己的《资本论》的方法时一直强调方法和事实本身

---

① 《马克思恩格斯选集》第二卷，人民出版社 2012 年版，第 701、702 页。

的差别。"具体之所以具体，因为它是许多规定的综合，因而是多样性的统一。因此它在思维中表现为综合的过程，表现为结果，而不是表现为起点，虽然它是现实中的起点，因而也是直观和表象的起点。在第一条道路上，完整的表象蒸发为抽象的规定；在第二条道路上，抽象的规定在思维行程中导致具体的再现。因此，黑格尔陷入幻觉，把实在理解为自我综合、自我深化和自我运动的思维的结果，其实，从抽象上升到具体的方法，只是思维用来掌握具体并把它当做一个精神上的具体再现出来的方式。但决不是具体本身的产生过程。"①

如果我们把黑格尔《逻辑学》一书中的概念辩证法看作"理性论"的内涵逻辑，而把马克思《资本论》中对于资本主义生产方式的具体分析看作"实践论"的内涵逻辑。那么在此基础上，黑格尔的"理性论"的内涵逻辑以思维与存在、事情本身与方法、思维内容和思维形式的无条件的同一为前提，而马克思的"实践论"的内涵逻辑则以思维与存在、事情本身与方法、思维内容与思维形式之间的差异性为前提。这直接表明：马克思在《资本论》中所呈现出的内涵逻辑与黑格尔的内涵逻辑不是同类型的内涵逻辑。

黑格尔的"理性论"的内涵逻辑以理性的自身运动为研究对象。这一对象虽说在一定意义上同我们具体精神活动中的理性有着千丝万缕的联系，但从根本上来说，它是规范我们所有思维活动的"实体"，我们虽然不能说它是完全脱离经验的，但从实质来说，黑格尔的客观理性是超验的。把理性理解为客观的、内在于世界的生命和灵魂，是黑格尔解决以往哲学遗留问题的关键，也是其神秘的"无人身"的特征的根源所在。作为黑格尔的概念发展的逻辑，辩证法所要揭示的就是理性在认识对象时要经历的一般运动环节和运动过程。理性是我们人所具有的最基础的认识能力，无论是在科学还是其他的文化样式中，它都是我们用以认识对象的基础和依据。因此，关于理性辩证运动和发展的内涵逻辑对于我们一切知识的形成都是不可或缺的基础。在这个意义上，我们可以

---

① 《马克思恩格斯选集》第二卷，人民出版社 2012 年版，第 701 页。

把黑格尔的关于概念发展的"理性论"内涵逻辑称为基础逻辑。与此相对应,一切建立在这个基础之上的其他理论体系,都可以称为应用的逻辑。毫无疑问,各种自然科学理论、社会科学理论在这个意义上都是应用的逻辑。

马克思的《资本论》以现实的资本主义生产方式为对象,同黑格尔的超验的理性一般相比,马克思的对象是具体的对象、现实的对象、历史性的对象。这一对象具有经验实证性和不断变化发展的历史开放性。对这一对象的具体分析必须从经验现实出发并且在一定意义上超越经验现实,从而给这个具体的经验现实对象提供一个系统的解释。在这个意义上,《资本论》的具体任务就是揭示这个复杂的有机结构总体的一般形成机制。它所形成的知识体系是关于这个特定的具体现实对象的逻辑再现。从这个意义上说,马克思的《资本论》作为"实践论"的内涵逻辑,是具体的、应用的逻辑。

在批判和清算黑格尔的唯心主义哲学的基础上,马克思消解了一切脱离人的感性对象性历史实践的超验的哲学玄想,因此也彻底瓦解了黑格尔的"理性论"内涵逻辑的合法性根基。在马克思的思想观念中,不存在任何超出感性对象性历史实践的"超验"的实体,因而也不存在任何关于这一实体的、具有基础性意义的内涵逻辑。马克思对于形形色色的唯心主义的批判提示我们:在具体的科学研究中,我们能够形成的只能是关于各种各样具体对象的具体的、实证的知识。这些知识把具体对象理解为具体的统一性整体,从而也构成了对该具体对象的系统性的解释。在构成特定对象的具体的知识体系的意义上,我们可以把这类知识体系看作关于这些具体对象的应用的内涵逻辑。作为对资本主义生产方式的系统的、科学的分析和解释,《资本论》从关于商品的分析入手,给我们揭示了资本的产生、发展和灭亡的一般发展进程。《资本论》的"实践论"内涵逻辑和所有其他的具体科学一样,都是具体的、应用的逻辑。

"思辨终止的地方,即在现实生活面前,正是描述人们的实践活动和实际发展过程的真正实证的科学开始的地方。关于意识的空话将销声匿迹，它们一定为真正的知识所代替。对现实的描述会使独立的哲学失去生存环境，能够取而代之的充其量不过是从对人类历史发展的观察中抽象出来的最一般的结果的综合。这些抽象本身离开了现实的历史就没有任何价值。它们只能对整理历史资料提供某些方便，指出历史资料的各个层次间的连贯性。但是这些抽象与哲学不同，它们绝不提供适用于各个历史时代的药方或公式。相反，只是在人们着手考察和整理资料（不管是有关过去的还是有关现代的）的时候，在实际阐述资料的时候，困难才开始出现。这些困难的克服受到种种前提的制约，这些前提在这里根本是不可能提供出来的，而只是从对每个时代的个人的实际生活过程和活动的研究中得出的。"① 马克思通过历史唯物主义理论的创立，彻底清算了以黑格尔为代表的唯心主义哲学，取消了一切超越于经验之上的形而上学假定的合法性，从而也就消解了黑格尔意义上的基础逻辑，提升了一切经验的、实证的现实研究的价值，肯定了各种各样的具体的、实证的知识对于我们理解历史现实的认识论意义。

---

① 《马克思恩格斯选集》第一卷，人民出版社 2012 年版，第 153 页。

第四章　现代哲学内涵逻辑观念变革
——以结构主义为例

以人的感性对象性的历史性实践为基础，马克思批判了以黑格尔为代表的"超验"的唯心主义哲学体系，取消了超经验、超历史的逻辑体系的合法性根基，为各种各样的具体的实证研究提供了理论支持。在马克思之后，"合理的""有价值的"知识只能是关于具体经验对象的知识，除了具体的、应用的内涵逻辑之外，没有其他的内涵逻辑。同马克思一道，现代哲学也展开对以黑格尔为代表的传统哲学的批判，传统哲学的基础主义、理性主义、逻辑主义在现代哲学这里遭到多层次、多角度的深入分析和无情解构。以维特根斯坦为代表的分析哲学批判传统形而上学对于语言的误用，基于对语言的精确性的理解，维特根斯坦强调，"哲学中正确的方法是：除了可说的东西，即自然科学的命题——也就是与哲学无关的某种东西之外，就不再说什么，而且一旦有人想说某种形而上学的东西时，立刻就向他指明，他没有给他的命题中的某些记号以指谓"①。在维特根斯坦看来，命题的真假取决于命题和其陈述对象之间的关系，科学命题之所以是有意义的命题，是因为它本身构成了对于经验对象的陈述，这种陈述是可以判定真假的，因而是有意义的命题。与此相反，传统形而上学讨论的诸如上帝、灵魂、理性等都不是经验对象，我们无法依据经验去判定它的真假，因而是无意义的命题。在维特根斯坦看来，哲学唯一合理的活动就是关于语言的逻辑分析活

---

① ［奥］维特根斯坦：《逻辑哲学论》，贺绍甲译，商务印书馆1996年版，第104、105页。

动，这一分析可以借助数学化的符号系统来进行。伽达默尔所开创的解释学从人类在不同时期对于作为历史流传物的文本的不同解读这一事实出发，强调人们在理解文本时历史文化背景转变的重大影响。在解释学看来，我们对于历史文本的解释既不是重返作者的本义，也不是读者的单纯主观的解读，我们对于意义的理解建立在作者和读者不同的文化视域融合基础之上，基于不同视域的融合，我们对于文本的解释是一种开放性的效果历史。伽达默尔的解释学向我们提出了一种作者与读者穿越历史"对话"的逻辑。由索绪尔的结构主义语言学奠基，经列维－斯特劳斯、米歇尔·福柯的发展演变成为一场轰轰烈烈的哲学运动的结构主义哲学在解构了"理性""主体"等传统形而上学的核心概念的同时，提出了一种具体的、结构的逻辑以说明知识形成的"秩序性"来源。而在后结构主义哲学代表人物德里达那里，由"能指"和"所指"的一体两面关系所建立起来的结构主义的逻辑也被最终解构，在德里达看来，"能指"和"所指"都不具有稳定的位置，在意义的不断流变中，能指可以变成所指，所指也能变成能指，因此，我们能把握到的永远是意义的不断变异、延伸，意义没有源头，没有稳定的内涵，有的只是永远的流变。在这个意义上，德里达取消了能指和所指在语言内部的稳定的联系，因而也从根本上取消了秩序性的联系，取消了任何一种意义的逻辑联系。以上种种哲学观念一方面从各自独特的视角揭示了传统理性主义哲学"理性论"逻辑的虚妄，同时也在现代社会的不同价值立场上更新了关于语言、知识、逻辑的观念。

一　索绪尔的结构主义语言学

在尼采振聋发聩地宣称"上帝死了"之后，"主体性的黄昏"、"主体性之死"随之提上日程，完成这一工作的是以列维－斯特劳斯、米歇尔·福柯为代表的结构主义哲学。作为现代哲学中一场声势浩大的哲学运动，结构主义哲学肇始于结构主义语言学。现代语言学之父费尔迪南·德·索绪尔首先在语言学的意义上排除了主体、理性在语言形成、发展过程中的作用，把语言理解为一种由能指、所指一体两面构成的符号体系。按照索绪尔的理解，作为符号体系的语言学的最大特征是，它工作于思想和声音这两大类要素结合的交界地带，这一结合产生的是形式，而不是实质。也就是说声音形象和概念之间的结合只是形式上的结合，而非实质上的结合。语言符号的这一形式化特征最鲜明的表现是语言符号的任意性，任意性原则是索绪尔语言学的第一基础性原则。一旦任意性被确立为基础性的原则，主体、理性等过去作为维系思想内部联系的基础就无处藏身了。从这个意义上说，作为结构主义创始人的索绪尔首先在语言学内部清除了主体的作用，从而开启了结构主义消解主体的进程。在索绪尔之后，斯特劳斯、福柯、拉康等结构主义哲学家分别从不同的角度宣称各种结构性因素对于知识形成的基础性作用，从而进一步消解了主体。在结构主义哲学内部，作为维持"秩序性"的结构关系仍然具有一定的"内涵逻辑"意味，构成结构的各要素在结构空间内部仍然具有稳定性的、持续性的联系。这一点成为后结构主义者雅克·德里达批判的对象，德里达取消了能指和所指之间的稳定的"秩序性"联系，把语言理解为从能指到所指、从所指到能指的无限变异的滑动，在这个滑动过程中，本原性的东西消失了，存在的永远都只是能指/所指的变异性的绵延。德里达所代表的后结构主义从根本上取消了语言内部的"秩序性"结构，从而也从根本上取消了任何一种意义上的内涵逻辑。

（一）以符号的任意性消解先验的必然性

首先我们从现代哲学的语言哲学转向来看索绪尔结构主义语言学的变革意义。近代哲学自笛卡尔开始就十分重视内在于人的理性认识能力的概念范畴在人类认识中的价值，由批判感性经验的变动不居开始，笛卡尔最终确立了理性作为我们认识的牢固支点。理性作为人类认识的牢固支点，就在于它给我们提供了先于经验但却可以提供必然性联系的一些概念范畴，正是这些概念范畴为我们知识的形成建立了基础。在笛卡尔之后，从斯宾诺莎、莱布尼兹到德国古典哲学的康德、黑格尔，虽然都对这些概念范畴有相对不同的理解，但其"先验的"和"必然性的"基本属性一直保持不变。从这个意义上说，概念范畴作为"先天必然的"东西一直是理性主义哲学的先天假定。马克思对于黑格尔哲学的批判正是集中针对这一先天假定，强调我们应该从现实的感性经验实践出发去发现和形成现实的联系，而不应该用感性现实的东西论证这些"先天必然的"概念范畴的合法性。从消解理性的先天的概念范畴的合法性的意义上，马克思的实践论的批判开启了现代哲学对于"理性"的批判。但马克思的批判是有局限性的，这一局限性首先就体现在他对于概念范畴的不自觉的应用。也就是说，马克思仍然在传统的形式逻辑的概念框架下理解概念范畴。在传统的形式逻辑中，概念具有明确的内涵和外延，概念的内涵决定了概念的外延，因为概念的内涵是明确的，因而概念的外延也是明确的，我们对于事物的认识就是通过概念内涵之间的联系去揭示现实事物（概念的外延）之间的联系。马克思关于从抽象上升到具体的叙述方法的论述充分表明，马克思不自觉地在传统形式逻辑关于概念的理解框架下进行他的政治经济学研究，但是他没有对概念何以有明确的内涵进行实践论的批判。这一方面是由于马克思哲学思想的来源缺少现代语言学理论背景，另一方面是由于他从来没有把建立系统的科学理论或哲学理论看作至关重要的，通过理论的批判来推动现实社会的变革才是马克思的根本目标。

索绪尔的结构主义语言学关于能指和所指及其二者之间联系的分析直指传统形式逻辑"概念论"的要害。传统形式逻辑中维持命题中必然性联系的枢纽是概念的内涵，也就是黑格尔所说的"思维规定"，在黑格尔那里，最为基础性的"思维规定"就是理性在自我分化和自我认识时所体现出来的理性运动的一般性环节。索绪尔关于语言的能指和所指的分析，一方面剔除了理性要素在语言系统形成中的作用，另一方面也消解了"概念"的思维规定的属性，从而在语言学内部分析中根除了一切理性的、形而上学的要素，语言变成了一个由声音形象和其所表达的概念这两个因素所构成的以任意性为原则的符号系统。下面笔者将结合索绪尔在《普通语言学》一书中的相应观点进行分析。

索绪尔首先区分了语言和言语。言语活动是个人所进行的语言实践活动，是"个人的意志和智能的行为"，在这一活动中，个人永远是它的主人。与此相区别，语言却是从属于社会的。按照索绪尔的观点，语言具有如下特征：第一，"它是言语活动事实的混杂总体中一个十分确定的对象。我们可以把它定位在循环中听觉形象和概念相联结的那确定的部分。它是言语活动的社会部分，个人以外的东西；个人不能独自创造语言，也不能改变语言；它只凭社会的成员间通过的一种契约而存在"①。第二，"语言和言语不同，它是人们能够分出来加以研究的对象。我们虽不再说死去的语言，但是完全能够掌握它们的语言机构。语言科学不仅可以没有言语活动的其他要素，而且正因没有这些要素掺杂在里面，才能够建立起来"②。第三，"言语活动是异质的，而这样规定下来的语言却是同质的：它是一种符号系统；在这系统里，只有意义和音响形象的结合是主要的；在这系统里，符号的两个部分都是心理的"③。第四，"语言这个对象在具体性上比之言语毫无逊色……语言符号虽然主要是心理的，但并不是抽象的概念；由于集体的同意而得到认可，其全体即构成语言的那种种联结，都是实在的东西，它们的所在地就在我们的脑子里"④。语言的上述特征使语言本身成为一种人文事实，语言是一种表达观念的符号系统。对这种符号系统的研究可称为符号学，它以社会生活中符号生命为研究对象，由于符号的两个部分都是心理的，所以符号学本身也是心理学的一部分。索绪尔的语言学以符号为自己的研究对象，其核心问题是语言学作为一个符号系统，其本质性的特征是什么。按照索绪尔的说法，"要发现语言的本质，首先必须知道

---

① ［瑞士］费尔迪南·德·索绪尔：《普通语言学教程》，高名凯译，商务印书馆1980年版，第36页。

② ［瑞士］费尔迪南·德·索绪尔：《普通语言学教程》，高名凯译，商务印书馆1980年版，第36页。

③ ［瑞士］费尔迪南·德·索绪尔：《普通语言学教程》，高名凯译，商务印书馆1980年版，第36页。

④ ［瑞士］费尔迪南·德·索绪尔：《普通语言学教程》，高名凯译，商务印书馆1980年版，第37页。

它跟其他一切同类的符号系统有什么共同点"①。

（二）能指与所指之间联系的任意性特征

索绪尔是在符号学的意义上展开其语言学研究的，因此，他从一开始就排除了传统概念论的用属加种差的定义的方式来理解概念、语言，所以他强调，"对词下任何定义都是徒劳的；从词出发给事物下定义是一个要不得的方法"②。在索绪尔看来，语言就是一种表达观念的符号系统，"在这个系统中人们使用什么符号和这个符号本身的性质是无关的"③。在这里，索绪尔间接表明了他对于语言作为符号的关键性的理解：符号的最基本特征是任意性。

为什么说符号的最基本特征是任意性呢？这还要从语言符号本身的构成说起。索绪尔将其语言学研究的对象限制在表音体系，"特别是只限于今天使用的以希腊字母为原始型的体系"④，因此语言符号的第一个要素就是声音形象，这一形象包括声音的长短、轻重、语调，等等。语言符号的另外一个要素是概念。在索绪尔的语言学中，"语言符号连接的不是事物和名称，而是概念和音响形象。后者不是物质的声音，纯粹物理的东西，而是这声音的心理印记，我们的感觉给我们证明的声音表象"⑤。索绪尔把概念和音响形象的结合称为符号，并且强调，"语言符号是一种两面的心理实体"⑥。也就是说，语言符号的

---

① ［瑞士］费尔迪南·德·索绪尔：《普通语言学教程》，高名凯译，商务印书馆1980年版，第39页。

② ［瑞士］费尔迪南·德·索绪尔：《普通语言学教程》，高名凯译，商务印书馆1980年版，第36页。

③ ［瑞士］费尔迪南·德·索绪尔：《普通语言学教程》，高名凯译，商务印书馆1980年版，第36页。

④ ［瑞士］费尔迪南·德·索绪尔：《普通语言学教程》，高名凯译，商务印书馆1980年版，第51页。

⑤ ［瑞士］费尔迪南·德·索绪尔：《普通语言学教程》，高名凯译，商务印书馆1980年版，第101页。

⑥ ［瑞士］费尔迪南·德·索绪尔：《普通语言学教程》，高名凯译，商务印书馆1980年版，第101页。

两个构成要素都是心理的，一个是音响形象的心理印记，一个是与这个心理印记相联系的心理表象。索绪尔用所指和能指分别代替概念和音响形象。

我们所说的语言符号的任意性特征就来源于能指和所指之间联系的任意性特征。"能指和所指的联系是任意的，或者，因为我们所说的符号是指能指和所指相联结所产生的整体，我们可以更简单地说，语言符号是任意的。"① 关于语言符号的任意性，索绪尔特别强调，"它不应该使人想起能指完全取决于说话者的自由选择。我们的意思是说，它是不可论证的，即对现实中跟它没有任何自然联系的所指是任意的"②。这种语言内部能指和所指的联系的任意性是由语言的社会性决定的。按照索绪尔的理解，语言作为一个整体的符号系统，是约定俗成的东西，"它既是言语技能的社会产物，又是社会集团为了使个人有可能行使这技能所采用的一套必不可少的规约"③。语言作为社会力量的产物向我们揭示了它的任意性原因。首先，作为一个约定俗成的符号系统，语言系统本身是一个非常复杂的机构，语法学家、逻辑学家对它的深切研究通常也只能对某一方面的变化有所理解。语言是每个人都参与其中的一种事物，它无时无刻不受人们活动的影响，但活动者对其变化却无法知晓。概括地说，"因为符号是任意性的，所以它除了传统的规律之外不知道有别的规律；因为它是建立在传统基础上的，所以它可能是任意的"④。

能指和所指之间联系的任意性的一个直接后果就是语言的可变性，"语言根本无力抵抗那些随时促使所指和能指的关系发生转移的因素，

---

① ［瑞士］费尔迪南·德·索绪尔：《普通语言学教程》，高名凯译，商务印书馆1980年版，第102页。

② ［瑞士］费尔迪南·德·索绪尔：《普通语言学教程》，高名凯译，商务印书馆1980年版，第104页。

③ ［瑞士］费尔迪南·德·索绪尔：《普通语言学教程》，高名凯译，商务印书馆1980年版，第30页。

④ ［瑞士］费尔迪南·德·索绪尔：《普通语言学教程》，高名凯译，商务印书馆1980年版，第111页。

这就是符号任意性的后果之一"①。除了能指和所指之间联系的任意性之外，语言的时间性和社会性也构成了语言演变的原因。在每个人的话语实践中，语言符号的任意性都使人们具有在声音形象和观念之间建立联系的自由，这一自由的后果是，随着时间的推移，我们会发现语言内部一些要素的变化和转移。不过，按照索绪尔的理解，这些改变不是语言作为符号体系的整体结构的改变，而是系统中个别要素的改变，这些个别要素的改变无法波及整个语言系统。因此，索绪尔用似乎矛盾的两个命题来表示语言符号系统的特征："语言发生变化，但是说话者不能使它发生变化。我们也可以说，语言是不可触动的，但不是不能改变的。"② 总之，按照索绪尔的理解，作为以符号的任意性为原则的语言系统。在系统的要素中是存在着发展变化的，但是这一发展变化很难影响语言系统的整体结构。

（三）符号的任意性与符号间的结构性关系

索绪尔语言学的另一个关键问题是：作为以任意性为原则的能指/所指的符号系统，语言是如何通过符号来表达各种各样的差异性的事物的。或者换个说法，语言符号系统是如何表明"心理的"或者"观念的"差异的。毫无疑问的是，索绪尔否认任何先于语言的观念。在他看来，"在语言出现之前，一切都是模糊不清的"③。"语言对思想所起的独特作用不是为了表达观念而创造一种物质的声音手段，而是作为思想和声音的媒介，使它们的结合必然导致各单位间彼此划清界限。思想按其本质来说是混沌的，它在分解时不得不明确起来。因此这里既没有思想的物质化，也没有声音的精神化，而是指的这一颇为神秘的事

---

① ［瑞士］费尔迪南・德・索绪尔：《普通语言学教程》，高名凯译，商务印书馆1980 年版，第113 页。
② ［瑞士］费尔迪南・德・索绪尔：《普通语言学教程》，高名凯译，商务印书馆1980 年版，第111 页。
③ ［瑞士］费尔迪南・德・索绪尔：《普通语言学教程》，高名凯译，商务印书馆1980 年版，第157 页。

实，即'思想—声音'就隐含着区分，语言是在这两个无定形的浑然之物间形成时制定它的单位的。"①

　　索绪尔是在声音和思想相结合的意义上去理解语言的，"语言还可以比作一张纸：思想是正面，声音是反面。我们不能切开正面而不同时切开反面，同样，在语言里，我们不能使声音离开思想，也不能使思想离开声音"②。在这个意义上，能指和所指的任意性结合是语言的最小单位。而语言要表明差别就必须通过能指/所指之间的差别表明不同的"价值"，这里面所说的价值不是我们通常所说的意义，而是把不同的能指/所指区别开来的某种抽象的"规定性"，索绪尔把它看作意义的一个要素。在索绪尔看来，任意的能指/所指之所以能够建立起诸价值的差异或对立，关键在于它们从属于语言这个系统整体。"语言既是一个系统，它的各项要素都有连带关系，而且其中每项要素的价值都只是因为有其他要素同时存在的结果"③，正是由于这一系统所赋予的连带关系，一方面，概念在符号内部是听觉形象的对立面，"另一方面，这符号本身，即它的两个要素间的关系，又是语言的其他符号的对立面"④。因此，对于语言的理解，我们不仅仅要从其基本构成——能指和所指的任意性联系去理解，而且要从语言系统的整体的连带关系去理解。索绪尔强调要从整体去考虑符号，"说语言中的一切都是消极的，那只有把所指和能指分开来考虑才是对的：如果我们从符号的整体去考察，就会看到在它的秩序里有某种积极的东西。语言系统是一系列声音差别和一系列观念差别的结合，但是把一定数目的音响符号和同样多的思想片段相配合就会产生一个价值系统，在每个符号里构成声音要素和心理要素间

---

① ［瑞士］费尔迪南·德·索绪尔：《普通语言学教程》，高名凯译，商务印书馆1980年版，第157、158页。
② ［瑞士］费尔迪南·德·索绪尔：《普通语言学教程》，高名凯译，商务印书馆1980年版，第158页。
③ ［瑞士］费尔迪南·德·索绪尔：《普通语言学教程》，高名凯译，商务印书馆1980年版，第160页。
④ ［瑞士］费尔迪南·德·索绪尔：《普通语言学教程》，高名凯译，商务印书馆1980年版，第160页。

的有效联系的正是这个系统。所指和能指分开来考虑虽然都纯粹是表示差别和消极的，但它们的结合却是积极的事实；这甚至是语言唯一可能有的一类事实，因为语言制度的特性正是要维持这两类差别的平行"①。通过符号系统的整体性和能指和所指联系的任意性，索绪尔建立起一个能够有效区分差别的符号体系，这种区分建立在诸能指的差别系列和诸所指的差别系列的平行关系上。通过这两类差别系列的建立，原本任意的能指和所指之间就形成了稳定的联系，从而成为一套有秩序的语言体系。

索绪尔通过符号自身的任意性特征表明，语言符号并不是主体为了进行认识而创造的，也不是通过某种自然联系形成的。在这个意义上，语言符号的任意性特征把传统认识论所强调的因果性联系彻底从语言中剔除，从而也在根本上消除了理性主体在语言中发挥任何作用的可能空间。此外，索绪尔的语言学也消除了从任何自然联系出发去解释能指和所指之间联系的可能性。概括地说，语言符号作为能指和所指的系统，是一个约定俗成的系统，在系统内部没有自然规则，也没有理性的法则，有的只是能指序列和所指序列在语言系统中的平行性的结构关系。

索绪尔结构主义语言学的创立，为斯特劳斯、福柯等结构主义哲学家提供了方法论依据。通过对索绪尔语言符号任意性的创造性应用，斯特劳斯在人类学分析中创建了结构主义的方法，从而以结构关系的范式去理解人类的一切文化现象，为我们理解这些现象提供了结构主义的具体的、秩序性的"内涵逻辑"。

二 斯特劳斯的具体的、秩序性的"内涵逻辑"

索绪尔把任意性视为语言符号的最基本特征，并且认为，"完全任意的符号比其他符号更能实现符号方式的理想"②。因此，语言学可以

---

① ［瑞士］费尔迪南·德·索绪尔：《普通语言学教程》，高名凯译，商务印书馆1980年版，第167页。

② ［瑞士］费尔迪南·德·索绪尔：《普通语言学教程》，高名凯译，商务印书馆1980年版，第103页。

成为整个符号学的典范。索绪尔的语言学影响是极其深远的，按照弗雷德里克·詹姆逊的观点，索绪尔普通语言学的任意性原则一方面打破了天然的、理性的语言的神话，另一方面也凸显了这样一个事实，即人类有别于其他动物的关键就在于他能够创造符号。从这个意义上说，语言内部的结构对于人类文化的结构具有示范和基础性的意义。按照美国结构语言学家爱德华·萨丕尔的观点，世界上不存在传统意义上客观的世界，"'现实世界'在很大程度上是建立在团体的语言习惯之上的。绝对没有两种语言在表现同一社会现实时是被视为完全相同的……我们确实可以看到、听到和体验到许许多多的东西，但这是因为我们这个社团的语言习惯预先给了我们解释世界的一些选择"①。在萨丕尔看来，不同的"现实世界"是由不同的语言形态建构出来的。语言不是在一个现实世界上贴上形式的标签，而是按照自己的内在机构去划分和解释现实世界。一种文化是通过语言的"编码"手段和自然发生关系的，人类的各种各样的社会行为也可以理解为一种按照语言的模式进行"编码"的活动②。正是基于这种理解，斯特劳斯用索绪尔的语言符号的结构去理解人类文化的基本结构。

（一）斯特劳斯对于索绪尔结构主义语言学方法的创造性运用

斯特劳斯宣称，"我们应该向语言学家学习，看一看他们是如何获得成功的，想一想我们怎样才能在自己的领域使用同样严密的方法"③。如果说语言构成了人的独一无二的特征，那么它必然"同时构成文化现象的原型，以及全部社会生活形式借以确立和固定的原型"④。因此，在人类社会现象的序列和与此相应的各种科学之中，没有任何一项能够

---

① ［英］特伦斯·霍克斯：《结构主义与符号学》，瞿铁鹏译，上海译文出版社 1987 年版，第 23 页。

② 参见肖伟胜《列维－斯特劳斯结构人类学与"文化主义范式"的初创》，《学习与探索》2016 年第 3 期。

③ ［法］弗朗索瓦·多斯：《从结构到解构——法国 20 世纪思想主潮》上卷，季广茂译，中央编译出版社 2004 年版，第 31 页。

④ ［英］特伦斯·霍克斯：《结构主义与符号学》，瞿铁鹏译，上海译文出版社 1987 年版，第 25 页。

离开语言以及由其活动所确立的基本结构。正是以上述基本假定为基础，斯特劳斯把人类学现象当成符号系统来研究。在《亲属关系的基本结构》中，斯特劳斯创造性地将语言学模型引入人类学研究之中，提出了关于亲属关系的新理论。斯特劳斯把"婚姻规则和亲属系统当成一种语言，当成一种在个人和群体之间建立某种沟通方式的一系列过程。在这种情况下，起到中介作用的是能够在氏族、宗族和家族之间流通的群体内的妇女，它代替了能够在个人之间流通的群体内的语词，但这种代替根本改变不了以下的事实：这两种情形在现象上有着完全一致的本质"[1]。斯特劳斯认为，任何社会都存在一套"亲属关系"制度，这个制度是建立在乱伦禁忌基础上的婚姻规则，即谁和谁可以结婚的规则。建立在这个规则基础之上的亲属关系系统和语言符号系统具有相似之处，它们分属于同一社会的不同类型的交流系统，是由"同一的无意识的结构"产生的。在斯特劳斯看来，这两个系统之间的相似之处在于：它们都同交换相关，在语言系统中交换的是作为能指/所指的符号，在亲属关系中交换的是女性。在亲属关系中，使女性具有流通中介意义的关键是乱伦禁忌。由于乱伦禁忌，在血族关系的基本结构中，社会成员被划分为两大团体：一个是可以与之结婚的，一个是不可与之结婚的。这样一来，亲属关系制度、婚姻规则就能"借助盘根错节的血缘和姻亲关系，来保证社会团体的永久性存在。可以把这看成是一种蓝图规划，这机制把妇女从她们的血缘家庭中'抽吸出来'，重新分配给各个姻亲团体，结果这种过程就形成了新的血缘团体的过程，如此循环不已"[2]；"在一定的社会群体中，女人的生育活动是该群体得以存续的生物基础，在这个意义上女人是该群体中最宝贵的资源。同一群体的女人既是该群体中男人们的潜在性伴侣，也是其他群体的男人欲望的对象，因此，促使这些群体进行合作的最佳手段无疑是在它们之间交换女人。但这种交

---

① ［法］克洛德·列维－斯特劳斯：《结构人类学》第一卷，张祖建译，中国人民大学出版社 2006 年版，第 58 页。

② ［英］特伦斯·霍克斯：《结构主义与符号学》，瞿铁鹏译，上海译文出版社 1987年版，第 31 页。

换必须符合一定的要求，即父系兄弟的孩子们之间或母系姐妹的孩子们间是不能通婚的……原始社会的乱伦禁忌使女人变成了在不同群体之间流通的中介性'符号'，就像在不同说话者之间流通的词语一样"①。斯特劳斯强调乱伦禁忌在把妇女转变为一般交换对象过程中的作用，"象征思维产生的先决条件，是要将女性视为像词汇一样能交换的事物"②，乱伦禁忌正是这一先决条件。

　　从斯特劳斯对女性作为亲属关系的结构的流通中介的独特阐释，我们可以看出，他对于索绪尔语言学符号任意性的创造性运用。在索绪尔的语言学中，作为语言符号的能指/所指作为可以与其他符号交换的基本单位是不需要任何条件的，其原因恰恰在于语言符号的任意性。在能指和所指之间、在诸能指/所指的统一体之间不存在任何的联系，其联系仅在于语言符号系统所维系的两个系列的平行性结构。从这个意义上来讲，斯特劳斯不仅把符号的任意性提取出来简单地在亲属关系的分析中加以应用，而且在新的编码方式——乱伦禁忌的基础上所形成的对于亲属关系的创造性解释。通过对斯特劳斯的女性作为流通手段的任意性和索绪尔关于语言符号作为流通手段的任意性的比较，佩里·安德森明确指出二者之间的差别："事实上，列维－斯特劳斯或拉康在其把语言学范畴运用于人类学和精神分析学中所竭力展现的类推，是经不起最起码的批判性检验的。亲族关系不能比作为符号交流系统的语言，即不能像列维－斯特劳斯那样，让妇女和词语在这种交流系统中分别'互换'，因为虽然没有一个说话者与任何对话者交谈时能离开词汇，但说话者可以自由反复使用'已知的'每一个词，以后想用多少遍就用多少遍；而婚姻则不像对话，它常常是有约束力的：结了婚的妇女不能由其父复原其过去的女儿身。"③ 安

<hr/>

① 肖伟胜：《列维－斯特劳斯结构人类学与"文化主义范式"的初创》，《学习与探索》2016年第3期。
② ［英］菲利普·史密斯：《文化理论：导论》，张鲲译，商务印书馆2008年版，第156页。
③ ［英］佩里·安德森：《当代西方马克思主义》，余文烈译，东方出版社1989年版，第54页。

德森发人深省地指出，"正是索绪尔本人警告不要从他的研究领域出发随便进行类比和肆意引申……他写道，语言是'人类的这样一种习俗，如果我们相信除文字以外一切人类的其他习俗的类推的话，那么这些其他的习俗只能使我们对这种类推的真正本质产生错觉和失望'……索绪尔的整个努力就是强调语言的独特性，认为任何事物本身都区别于其他社会实践或社会形式；他认为：'我们坚信，无论谁涉足语言的领域，就可以说他失去了对万物进行类推的一切余地'。"① 在安德森看来，"'语言'和'言语'的关系是测定世界上语言以外的结构和主体的各种不同位置的特别失常的罗盘"。② 其原因在于：一方面，语言结构的历史变动系数特别低，完全不同于政治、经济和宗教结构的变动速度；另外一方面，语言又具有不可比拟的自由性，"因为言谈没有任何物质上的约束：从这个词的双重意义上来说言谈都是自由的，它们的'生产'无须花费任何东西，而且可以在意义的规则范围内，按照意愿来增加和随意地摆布。一切其他主要社会实践却要受到自然匮乏法则的制约：人、商品、劳动力，都不能随意和无限地生产出来"③。

斯特劳斯创造性地把语言的结构引入人类学分析，从而创建了结构主义人类学。安德森通过对索绪尔的语言观和斯特劳斯语言观的比较分析表明：斯特劳斯的结构主义人类学中的语言观已经超出了索绪尔语言观的范畴。在索绪尔的语言观中，能指和所指的任意性联系、诸能指/所指之间的差异和独立以及由语言系统所提供的能指系列和所指系列的平行关系，都仅仅存在于语言内部，这些联系都是形式性的，而非实质性的。正是在这个意义上，索绪尔反对从语言实践到人类其他实践的类推。在斯特劳斯的结构人类学的语言观中，语言符号行为作为标志

---

① ［英］佩里·安德森：《当代西方马克思主义》，余文烈译，东方出版社 1989 年版，第 54 页。

② ［英］佩里·安德森：《当代西方马克思主义》，余文烈译，东方出版社 1989 年版，第 55、56 页。

③ ［英］佩里·安德森：《当代西方马克思主义》，余文烈译，东方出版社 1989 年版，第 56 页。

着人类独特性的行为，对于人类其他的实践和文化行为具有规定、奠基的作用，也就是说，人们在语言符号行为中所获得的规定性会潜移默化地体现在人类其他活动方式中，因而斯特劳斯的人类学以语言符号学说为基础去理解人类其他的文化实践行为。概括地说，斯特劳斯和索绪尔的语言观的差异可表述为：在索绪尔那里，语言符号的联系是形式的，其任意性的联系只发生在语言符号内部；在斯特劳斯那里，语言符号的联系具有实质性的特征，它规定了人类一切文化实践的基本结构。索绪尔和斯特劳斯语言观的差异表明了一点：在索绪尔的语言学中被符号的任意性清洗掉的主体性又在斯特劳斯的结构主义人类学中复活了，语言的结构转变成了人的一切文化实践的基础结构，结构特性变成了某种意义上的主体活动的规定性，他在《野性的思维》中所提出的"结构化活动"表明了这一点。

（二）建立具体思维秩序的"结构化活动"

在《野性的思维》一书中，斯特劳斯把寻求秩序性看作一切思维活动的共同基础，在这个意义上，原始神话的分类学和科学理论一样，都是人类思维所获得的关于自然界的秩序性解释。"科学最基本的假定是，大自然本身是有秩序的……理论科学就是进行秩序化活动，如果分类学真的相当于这类秩序化工作的话，那么分类学就是理论科学的同义词……我们称作原始的那种思维，就是以这种对于秩序的要求为基础的，不过，这种对于秩序的要求也是一切思维活动的基础，因为正是通过一切思维所共同具有的那些性质，我们才更容易地理解那类我们觉得十分奇怪的思维形式。"① 斯特劳斯把形成这种秩序性解释的活动称为"结构化活动"，"科学说明总是相当于发现一种'配置'；任何这类企图，即使是由非科学性的原则所产生的，也都能导致真正的'配置'结果。如果我们假定结构的数目按照定义是有限的话，这一点甚至是可以

---

① ［法］克洛德·列维－斯特劳斯：《野性的思维》，李幼蒸译，中国人民大学出版社 2006 年版，第 11 页。

预见到的：'结构化活动'有其自身固有的功效，而不管导致这种活动的那些原则和方法是什么"①。

斯特劳斯把建立特定"配置"的"结构化活动"看作科学思维和神话学思维的共同之处，但他并没有忽视二者之间的差异。在他看来，"科学作为一个整体是以偶然事物和必然事物之间的区别为基础的，同时这也是事件与结构之间的区别……现在，作为实际平面上的修补术的神话思想，其特征是，它建立起有结构的组合，并不是直接通过其他有结构的组合，而是通过使用事件的存余物和碎屑……相当于修补匠的神话思想，通过把事件，或更准确地说，把事件的碎屑拼合在一起来建立诸结构，而科学只有在其建立后才能'前进'，它以事件的形式创造了其手段与结果，这是由于它不断地在创造结构，这些结构即是其假说和理论……科学家借助结构创造事件，修补匠则借助事件创造结构"②。正是由于科学家从结构出发去解释事件，因此科学理论对于具体事件具有普适性的特征；人类学家通过具体的事件去发现其相互之间的结构，因此它不得不借助于某些"人类中介体"，因为其结构是具体的结构，因而不具有科学理论的普适性。

神话学思维和科学思维二者之间的差异植根于它们所使用的"思想载体"的差异。科学思维借助概念来建立其理论，神话学借助记号来呈现其结构。"记号作为形象乃是一种具体的实体，但由于其具有的指示能力而与概念相像：无论概念还是记号都不是只与本身有关，每一个都能用其他的东西替换。然而概念在这方面具有无限的能力，记号则不然。"③斯特劳斯用修补匠的工作来说明神话思维和科学思维不同的运作方式。"修补匠的例子可用来说明二者之间的异同。让我们设想一下他投

---

① ［法］克洛德·列维－斯特劳斯：《野性的思维》，李幼蒸译，中国人民大学出版社 2006 年版，第 13 页。

② ［法］克洛德·列维－斯特劳斯：《野性的思维》，李幼蒸译，中国人民大学出版社 2006 年版，第 22、23 页。

③ ［法］克洛德·列维－斯特劳斯：《野性的思维》，李幼蒸译，中国人民大学出版社 2006 年版，第 19 页。

入工作时是多么受到自己计划的鼓舞，然而他实际要做的第一步却是回顾性的：他必须转向已经存在的一组工具和材料；反复清点其项目；最后才开始和它进行一种'对话'。而且，在选择工具和材料之前，先把这组工具和材料为其问题所提供的可能的解答加以编目。他对组成他的宝库的品类各异的各种物件加以推敲，以便发现其中每一项能够'意指'什么，从而有助于确定要加以实现的一个组合，但是这个组合最终将只在其诸部分的内部配置方面不同于那个作为工具的组合……但是诸可能性由于每件东西的特殊经历及其所受到的预订限制而始终是有限的。这些预订的限制是由其最初被设想的用途或其为了其他目的而经历的相应的改变所决定。修补匠所收集和使用的零件（成分）是'预先限定的'，就像神话的组成单位一样，它们的可能的组合受到如下情况的限制，即它们都是取自语言的。在语言中它们已经具有了一种意义，这一意义使其调配的自由受到了限制。另外，决定把什么成分置于各位置上也依赖于在各位置上置放其他代替成分的可能性，于是所做的每种选择都将牵扯到该结构的全面重新组织，这一结构的改组将即不同于人们所模糊想象的东西，也不同于人们所偏好的东西。"① 神话思维借助作为形象的记号来进行"结构化活动"，尽管形象不是观念，但它可以"为观念保持未来的位置，并以否定的方式显出其轮廓。形象是固定的，以独特的方式与伴随着它的意识行为相联系；即便记号与变成了能指者的形象都还没有内涵。就是说，与概念不同，它们与同类的其他物体还不具有同时性的和理论上无限的关系，但它们已经是可置换的了；也就是说，已经能够与其他物体处于相继的关系中——虽然在数量上还很有限。并且，如我们所看到的，它们只是发生于这样的条件下，即总是形成一个系统，在此系统中影响着其中一个成分的变化将自动地影响所有其他成分：在这方面逻辑学家的'外延'与'内涵'不是两个不同而互补的方面，而是一个相互关联的整体"②。

---

　　① ［法］克洛德·列维－斯特劳斯：《野性的思维》，李幼蒸译，中国人民大学出版社 2006 年版，第 19 页。

　　② ［法］克洛德·列维－斯特劳斯：《野性的思维》，李幼蒸译，中国人民大学出版社 2006 年版，第 21 页。

在斯特劳斯看来，神话思维的"修补匠"式的"结构化活动"，为我们提供了一个具体系统的结构关系的逻辑，经过这一结构化活动，我们就可以建立起从具体实践到上层建筑的桥梁。同其他的结构主义哲学家不同，斯特劳斯特别赞同由马克思提出并经过萨特等人发展的实践概念。斯特劳斯声称，"如果我们肯定，概念图式支配和规定着各种实行，这是因为它们作为人种学家的研究对象，以各种离散的现实的形式出现，并位于时空中，具有不同的生存方式和文明形式，因而不应把各种实行与实践相混淆。实践——至少在这个问题上我同意萨特——是构成人的科学的基本整体性。马克思主义，如果不是马克思本人的话，屡次推断说，实行是直接来自实践的。我并不怀疑基础结构的毋庸置疑的优先性，我相信，在实践与实行之间永远存在着调节者，即一种概念图式，运用这种概念图式，彼此均无独立存在的质料与形式形成为结构，即形成为既是经验的又是理智的实体。正是对马克思很少触及的这一有关上层结构的理论，我想试图有所阐发，而各种基础结构本身的研究则应当留给历史学，并辅以人口学、工艺学、历史地理学和人种志去研究"①。斯特劳斯把他所建立的"修补匠"式的结构化活动看作从基础性实践上升到作为上层建筑的具体理论的过渡性的环节，其理论构成了对马克思哲学的上层建筑理论的有效补充。这一结构化运动本身也充满着辩证特性，因此斯特劳斯也把它称为"上层建筑的辩证法"。斯特劳斯认为，"上层结构的辩证法正像语言的辩证法一样，正在于建立起组成单元，为此必须毫无歧义地规定这些单元，也就是使它们成双成对的组列中相互对比，以便人们能利用这些单元来拟制出一个系统，这个系统扮演着观念与事实之间的综合者的角色，从而把事实变成记号。于是思维就从经验的多样性过渡到概念的简单性，然后又从概念的简单性过渡到意指的综合性"②。

---

① ［法］克洛德·列维－斯特劳斯：《野性的思维》，李幼蒸译，中国人民大学出版社 2006 年版，第 119 页。

② ［法］克洛德·列维－斯特劳斯：《野性的思维》，李幼蒸译，中国人民大学出版社 2006 年版，第 120 页。

在斯特劳斯看来，"结构化活动"最终形成了一个以记号转换作用为基础的逻辑系统，这个系统是我们形成分类、理解各种结构性秩序的基础。斯特劳斯不否认传统的逻辑观念，即逻辑就是建立必然性的联系，但他否认这种联系能仅仅依靠词项、命题建立起来。"经常不变的不是成分本身，而只是诸成分之间的关系。"① 因此，"分类的基本原则绝不可能预先假定：它只能事后通过人种志的研究，即通过经验，来发现"②；"这类逻辑系统同时在几个轴上发挥作用，它们在诸项之间建立的关系绝大多数情况下都或者依据邻近性，或者依据类似性。在这一点上，它们与其他分类法，甚至与现代分类学，并没有什么明确的不同，现代分类学中邻近性和相似性始终起着基本作用：邻近性用于发现那些'在结构上和功能上都属于……同一系统'的诸事物；而相似性不要求诸事物都属于同一系统，而只需诸事物具有一种或几种共同的特征"③。

（三）斯特劳斯结构关系的类比逻辑

按照以上斯特劳斯对于"结构化活动"所形成的逻辑系统的描述，我们可以把斯特劳斯的逻辑命名为结构关系的类比逻辑。在这个逻辑系统中，与形象和观念建立联系的是记号。记号与概念不同，它不具有脱离符号系统的特定的内涵，因此它也不揭示对象的或者主体的内在本质。它所能起到的作用就是在语言符号体系中通过和其他记号之间的联系来类比事物之间的联系，这种联系属于事物在一个结构化整体中的相互关系。需要特别注意的是，按照斯特劳斯的说法，这种结构意义上的联系是形式上的，而不是实质意义上的。其原因在于，类比这种联系的记号本身不具有揭示对象实质的功能，因为能指和所指的联系本身就是

---

① ［法］克洛德·列维－斯特劳斯：《野性的思维》，李幼蒸译，中国人民大学出版社 2006 年版，第 50 页。
② ［法］克洛德·列维－斯特劳斯：《野性的思维》，李幼蒸译，中国人民大学出版社 2006 年版，第 54 页。
③ ［法］克洛德·列维－斯特劳斯：《野性的思维》，李幼蒸译，中国人民大学出版社 2006 年版，第 58 页。

任意的。

借助索绪尔的符号任意性理论，斯特劳斯在自然系统、文化系统和符号系统之间建立起结构类似的平行关系。斯特劳斯强调，"图腾制度要求在自然生物的社会与社会群体的社会之间有一种逻辑等价关系……社会本身被看成是一个机体。在每一种情况下，自然划分与社会划分都是同态的，而在一种秩序中选择一种划分就意味着在别一秩序中采取与之对应的划分，至少是作为一种优先的形式"①。由于这种平行关系，"在'原始语言'中表现得相当形式化的图腾制，通过十分简单的转换，可以很好地表现于等级制度的语言中，后者与原始的语言正相反"②。需要强调的是，尽管这种平行关系存在，但自然系统的结构并不能直接地平移过来用以解释文化系统。二者的结构相似性体现出来仍需要符号的编码和转换，因为"生物物种的自然的'区别性'并未给思想提供一种确定的和容易理解的模式，而宁可说是提供了一种接近其他区别性系统的手段"③；"实际上，物种概念的重要性与其说是应当以实践者倾向于把它按生物学和实用观点分解为属来说明，不如说应以其假定的客观性来说明：物种的多样性为人提供了最直观的图像，并构成了人能感觉到的有关现实最终不连续性的最直接的现象。它是某种客观编码的感性表现"④。

"结构化活动"中这种符号的编码和转换，无疑属于主体的"创造性"的活动。尽管索绪尔在其普通语言学中通过能指和所指联系的任意性清除了主体的藏身之所，主体在斯特劳斯的"结构化活动"中又获得了某种程度的复活。在斯特劳斯看来，通过结构化活动把人类社会和人

---

① ［法］克洛德·列维－斯特劳斯：《野性的思维》，李幼蒸译，中国人民大学出版社2006年版，第96页。
② ［法］克洛德·列维－斯特劳斯：《野性的思维》，李幼蒸译，中国人民大学出版社2006年版，第118页。
③ ［法］克洛德·列维－斯特劳斯：《野性的思维》，李幼蒸译，中国人民大学出版社2006年版，第124页。
④ ［法］克洛德·列维－斯特劳斯：《野性的思维》，李幼蒸译，中国人民大学出版社2006年版，第125页。

类文化解释成和自然界相类似的系统，这本身就需要某种"主体性"。"自然条件不只是被动地被接受的。此外，自然条件不是独立存在的，因为它们与人的机能和生活方式有关，正是人使它们按特定方向发展，为它们规定了意义。自然界本身是无矛盾的；它之所以成为矛盾的，只是由于某种特殊的人类活动介入的结果。而且按照某种活动所采取的历史的与技术的形式，环境的特征就具有不同的意义。另一方面，即使当环境被提高到唯一使环境能被理解的人的水平时，人与其自然环境的关系仍然是人类思维的对象：人从不被动地感知环境；人把环境分解，然后再把它们归结为诸概念，以便达到一个绝不能预先决定的系统。同样的情境，总能以种种方式被系统化。"①

通过上述分析我们不难发现，斯特劳斯所说的神话思维的"结构化活动"实质上是一种通过符号的编码和转换为具体的文化系统确立秩序的活动，在这一活动中，自然的结构通过语言符号具有某种启发性的意义，但最终对于秩序的形成起决定作用的仍然是主体所进行的编码和转换过程，没有主体的活动，自然的结构不会直接呈现出来，它也就无法转换成人类文化活动的某种结构。在这个意义上，斯特劳斯的神话学给我们提供了一种认识事物结构关系的类比逻辑，就它建立起客观事物的关系性必然联系的意义上，它本身就是一种新型的"内涵逻辑"。

三　福柯的具体话语实践的内涵逻辑

现代哲学家的批判性分析大都以具体实践为切入点，这一点体现在法国哲学家米歇尔·福柯那里，是对于具体语言实践的实证性的分析。在《知识考古学》一书中，福柯哲学分析的核心问题是：各种各样的话语事件是如何被构成的。换句话说，对具体话语实践的分析构成了福柯"知识考古学"的出发点。

---

① ［法］克洛德·列维－斯特劳斯：《野性的思维》，李幼蒸译，中国人民大学出版社 2006 年版，第 88 页。

（一）陈述作为话语形成的基本要素

按照福柯的观点，在我们开始对话语形成进行分析之前，首先要进行一项否定性的准备工作，即"摆脱一整套以各自方式使连续性主体多样化的观念"①。这些观念包括"传统"的观念、"影响"的观念、"发展"与"进化"的观念、"心态"或"精神"的观念。通过这些观念，对象就被理解为在时间内的、同质的、连续的、有必然因果联系的过程，而话语形成也就被理解为通过这一过程形成的产物。通过《古典时代疯狂史》对于精神病理学的分析，福柯已经获得了关于话语及其对象的非连续性、弥散的特征。因此，在他看来，"应该重新质疑这些现成的综合、这些通常未经任何检查就被接受的组合、这些从一开始其有效性就被承认的关系；应该驱逐这些模糊的形式和力量，人们习惯通过它们来连接那些存在于它们之间的人类话语；应该将它们从其盘踞的阴影中驱逐出去。不应该任由它们发生价值，倒应该同意它们出于方法上的考虑而首先只涉及众多分散的事件"②。将这些观念"悬置"起来不是最终要拒绝它们，而是要取消它们的准 - 自明性，把它们看作依据一定的规则建构的结果，而福柯所说的关于话语形成的分析，正是针对话语形成规则所进行的分析。一旦我们把关于"连续性"的观念"悬置"起来，整个话语实践的领域就被解放开来。我们就可以通过对于具体话语实践的分析去重新理解这个领域。按照福柯的理解，虽然这个领域十分广阔，但我们仍可以通过某种方式给它划定界限："它由所有实际的陈述的集合构成，这发生在这些陈述作为事件的弥散和每种陈述特有的层级之中。在人们确信同科学或小说、政治话语、作者的作品乃至书打交道之前，人们不得不探讨的原始中性的材料是一般话语空间中的众多事件。由此便出现了有关话语事件的描述的计划，作为研究那些在描述

---

① ［法］米歇尔·福柯：《知识考古学》，董树宝译，生活·读书·新知三联书店 2021 年第四版，第 23 页。

② ［法］米歇尔·福柯：《知识考古学》，董树宝译，生活·读书·新知三联书店 2021 年第四版，第 24 页。

中形成的单位的视域。"① 话语实践的领域由各种各样的陈述的集合构成，每个陈述都处于特定的层级之中，并且因而陈述之间是非连续的、弥散的。对于话语事件的描述就是分析诸陈述通过何种规则和什么样的运作方式而导致了某特定话语的形成。在这个意义上关于话语形成的分析就是对于具体话语事件的描述。这一分析既不同于语言分析，也不同于传统意义上的思想分析。"语言分析对于任意话语事实所提出的疑问永远是：某种陈述根据什么样的规则被建构起来？而且其他类似的陈述由此又可以根据什么样的规则被建构起来？话语事件的描述则提出截然不同的疑问；怎么会是某种陈述出现而不是其他陈述取而代之呢？"② "思想分析相对于它所使用的语言而言总是充满寓意的。它的疑问必定是：在被说出的东西中，到底什么被说出来了？话语范围的分析则以截然不同的方式被定位；关键在于把陈述放在它的事件的狭隘性和独特性中去把握，决定它的存在的条件，最准确地确定它的极限，建立它和其他可能与之相关的陈述之间的关联，指出陈述排斥什么样的其他陈述形式。"③ 在福柯看来，之所以不能用语言分析或思想分析来确定特定话语的形成，关键在于陈述的独特性。在福柯那里，陈述是话语形成的基本要素。只有消除的语言分析和思想分析的基本单位——"概念"和"命题"，我们才能够使"陈述恢复它作为事件的独特性，而且可以指出非连续性不仅在历史地质学中而且已经在陈述的简单事实中是形成断层的那些重要意外因素之一……不管人们在结果上把陈述想得多么无关紧要，不管陈述出现后能多么快地被忘掉，不管人们假设陈述是多么地难以理解或难以辨认，陈述一直都是无论语言还是意义都不能完全使之枯竭的事件。当然陈述是一种奇特的事件：首先，一方面因为它与书写

① ［法］米歇尔·福柯：《知识考古学》，董树宝译，生活·读书·新知三联书店2021年第四版，第31、32页。

② ［法］米歇尔·福柯：《知识考古学》，董树宝译，生活·读书·新知三联书店2021年第四版，第32页。

③ ［法］米歇尔·福柯：《知识考古学》，董树宝译，生活·读书·新知三联书店2021年第四版，第33页。

的动作或语言的表达密切相关，另一方面因为它在记忆的范围中或在手稿、书籍和任何记录形式的物质性中间向自身展现了一种残留性的存在。其次，它像任何事件一样都是唯一的，但又因为它受制于重复、转换、再激活。最后，因为它不仅与引起它的情境和它导致的结果有关，而且又以一种完全不同的样态与那些在它前后出现的陈述有关"①。

（二）诸陈述之间的相互关联与制约

陈述作为福柯话语形成的基本的独特性的单位并不意味着所有话语实践都可以归约、还原为某一单一类性的陈述的复合体。话语形成作为各种陈述相互作用的产物，其特征就在于其弥散的特征。在福柯看来，在话语形成的"以惯常而又坚定的方式形成谜一般整体的陈述之间"，我们可以确定以下几种可以有效辨认的联系。

第一，"形式上各有不同、分散在时间中的陈述如果指涉唯一对象，那么它们便形成集合"②。尽管因为在这些陈述共同指涉同一个对象的意义上，我们把它视为归属于同一陈述集合。但这一话语"对象"并不因此就构成陈述集合的有效单位。以疯癫为例，"关于疯癫的话语的单位不可能立基于'疯癫'这一对象的存在或对象性的唯一视域的构成，而可能是使诸对象的出现在既定时期内成为可能的那些规则的运作：被歧视和压制的措施划分的对象，在日常实践、司法判例、宗教绝疑，医学诊断中相互区分的对象，在病理学描述中显示出来的对象，由医治措施、治疗、护理的准则或处方限定的对象。此外，关于疯癫的话语单位可能是这样一些规则的运作，即这些规则确定这些不同对象的转换、它们随着时间的流逝出现的非－统一性、它们之中产生的断裂、悬置它们持久性的内在的非连续性。以悖论的方式把陈述集合放在它具有个体性的东西中来确定，就在于描述这些对象的弥散状态，掌握所有区分它们

---

① ［法］米歇尔·福柯：《知识考古学》，董树宝译，生活·读书·新知三联书店2021年第四版，第33、34页。
② ［法］米歇尔·福柯：《知识考古学》，董树宝译，生活·读书·新知三联书店2021年第四版，第38页。

的空隙，衡量它们之间占优势的间距——换句话说，就是提出它们的分布法则"①。按照福柯这里关于与疯癫这一对象相关的陈述集合，尽管诸陈述都以疯癫为自己的指涉对象，但这个指涉对象在各个陈述中并不是连续的、同一的，而是断裂的、弥散的，每个陈述都在构成自己的对象。

第二，各种陈述之间连接的形式与类型。在福柯看来，各种不同类型陈述以分散的、差异性的方式共存于陈述集合中，在这个集合中，"支配它们的分布的系统，它们相互依赖的支撑，它们相互包含或相互排斥的方式，它们经历的转换、它们的接替、安排和替换的活动"② 都构成不同陈述间连接的形式。

第三，这种联系不是通过概念的一致性方面，而是通过这些概念的同时或接连的出现、它们的间距、区别它们的差距和概念之间的不相容来形成的。第四种联系是"重新聚集诸陈述、描述它们之间的连接和解释它们得以呈现的统一形式：主题的同一性和持久性"③。以进化论为例，福柯认为，"使进化论观念得以可能和一致的东西在每种情况下都不属于同一种秩序……在 19 世纪，进化论的主题与其说涉及物种的连续图表的构成，倒不如说涉及对不连续群的描述，并涉及分析其所有要素都与之相互关联的有机体与向有机体提供生命的现实条件的环境之间的相互作用的样态。主题虽然唯一，但基于两类话语"④。这四种基本联系概括起来就是对象、陈述类型、概念和主题的选择，它们一起构成了话语系统诸联系的基本内容。如他所说，"假如我们能在一定数量的陈述之间描述这样的弥散系统，假如我们能在对象、陈述类型、概念、主题的选择之间确定规则性（秩序、关联、位置与作用、转换），那么

① ［法］米歇尔·福柯：《知识考古学》，董树宝译，生活·读书·新知三联书店2021 年第四版，第 39、40 页。
② ［法］米歇尔·福柯：《知识考古学》，董树宝译，生活·读书·新知三联书店2021 年第四版，第 41 页。
③ ［法］米歇尔·福柯：《知识考古学》，董树宝译，生活·读书·新知三联书店2021 年第四版，第 43 页。
④ ［法］米歇尔·福柯：《知识考古学》，董树宝译，生活·读书·新知三联书店2021 年第四版，第 45 页。

我们将按惯例说我们涉及话语形成……这种分布的诸要素（对象、陈述样态、概念、主题的选择）要遵从的条件被称作形成规则。形成规则在既定的话语分布中是存在（还有共存、维持、更改与消失）的条件"①。

陈述集合最终能够构成话语形成的弥散系统，最终使某种话语得以出现和形成的另外一个条件是各类陈述之间存在相互作用和联系，在这一点上福柯是持肯定态度的。在他看来，我们所确定的对象、陈述类型、概念、主题的选择等不同层次的陈述不是彼此相互独立的，在诸层次陈述之间存在着"垂直的依赖系统"，"主体的所有位置、陈述之间共存的所有类型、所有话语策略也不都是有可能的，而只有被前面的层次所准许的那些才是有可能的"②。以 18 世纪博物学的形成系统为例，福柯说明了这种不同层次陈述之间的相互作用。依据博物学的对象，"某些陈述样态遭到排斥（例如符号的辨认）、其他陈述样态则被包含着（例如根据被规定的准则所进行的描述）；同样鉴于话语主体能够占据的不同位置（作为没有工具性中介的观看主体、作为从感知的复数性上提取独一无二结构要素的主体、作为用可编码的词汇记录这些要素的主体等），陈述之间有某些共存遭到排斥（比方说对'已说之物'进行深入研究的再激活或者对神圣化的文本的注释性评论），相反其他一些共存是可能的或者是需要的（例如整体上或部分地类似的陈述融入分类表）"③。这一事例表明："诸层次彼此之间是不自由的，而且它们不会按照没有限制的自主性显示出来：从对象的初级区分到话语策略的形成，存在着一整套关系等级。"④ 这里需要注意的是，在对象、陈述样态、概念和话语策略之间并不存在着从低到高、从基础到上层的固定

---

① ［法］米歇尔·福柯：《知识考古学》，董树宝译，生活·读书·新知三联书店 2021 年第四版，第 47 页。

② ［法］米歇尔·福柯：《知识考古学》，董树宝译，生活·读书·新知三联书店 2021 年第四版，第 88 页。

③ ［法］米歇尔·福柯：《知识考古学》，董树宝译，生活·读书·新知三联书店 2021 年第四版，第 88、89 页。

④ ［法］米歇尔·福柯：《知识考古学》，董树宝译，生活·读书·新知三联书店 2021 年第四版，第 89 页。

的等级关系。在相反的方向上，某层次的陈述排斥或包含其他陈述的关系也同样可以被确立，例如，"理论选择在那些实现它们的陈述中排除或包含某些概念的形成，也就是说陈述之间的某些共存形式"①。

通过把诸陈述划分为对象、陈述样态、概念和主题的选择等几个不同层次的陈述集合，并且对不同层次陈述之间的相互作用和联系加以分析，福柯为我们勾勒了一个话语形成系统的大体轮廓，即一个由多层次的陈述相互作用（排斥和包含等）的非透明性的关系整体。关于这个形成系统，我们不应该把它看作"静止的聚块""静态的形式"，"这些系统存在于话语本身中，抑或存在于话语的边界上。因此，形成系统应该是指复杂的、作为规则起作用的关系簇：它规定着那应该在话语实践中建立起关系的东西，以便话语实践指涉这样和那样的对象、启用这样和那样的陈述、使用这样和那样的概念、筹谋这样和那样的策略。把形成系统放在它的独特个体性上进行确定，因此是通过实践的规则性来确定一种话语或一组陈述的特征"②。此外，作为话语实践的规则的话语形成系统也并非与时间毫不相干。按照福柯的说法，"形成系统所勾画的是必须被启动的规则系统，以便某个对象发生转换，某种新陈述出现，某个概念被构思，某种策略被改变——因此不断地归属于这同一种话语；形成系统还勾画的是必须被启动的规则系统，以便其他话语中发生的变化能够在既定话语的内部被记录，由此建立新对象，引发新策略，导致新陈述或新概念。因此，话语形成不会起着阻止时间和冻结时间几十年或数个世纪形态的作用；它规定着实践特有的规则性；它提出话语事件的系列与事件、转换、变化和过程的其他系列之间的连接原则。它不是非时间的形式，而是多个时间系列之间的对应模式"③。

---

① ［法］米歇尔·福柯：《知识考古学》，董树宝译，生活·读书·新知三联书店2021年第四版，第89页。
② ［法］米歇尔·福柯：《知识考古学》，董树宝译，生活·读书·新知三联书店2021年第四版，第89、90页。
③ ［法］米歇尔·福柯：《知识考古学》，董树宝译，生活·读书·新知三联书店2021年第四版，第89、90页。

　　福柯把话语形成系统看成是一个由多层次的陈述和多种形成规则构成的一个独特的系统。这是不是意味着陈述是构成话语系统的基本单位呢？陈述自身的特征是不是和话语形成系统的弥散、非透明性的特征相一致呢？基于这两个问题，福柯展开了关于陈述的分析。通过和句子、命题以及分析哲学所说的"言语行为"的比较分析，福柯得出如下结论："陈述不是一种与句子、命题或言语行为一样的单位；陈述因此不受制于同样的标准；但它也不是一种像具有自己的界限和独立性的物质对象可能成为的单位。在陈述的独特的存在方式上，它对于我们可以说句子、命题、言语行为是否存在是必不可少的，而且对于我们可以说句子是否正确、命题是否合理和是否正确形成、言语行为是否符合要求和是否彻底被实现，它也是必不可少的。Ａ 不应该在陈述中寻找一种或长或短的、结构上或弱或强的单位，而应该寻找一种像其他单位一样卷入到逻辑的、语法的或以言指事的关联中的单位。与其说这涉及其他要素中间的一种，与其说这涉及一种可在某种分析层次上定位的分割，倒不如说涉及一种相对于这些各种各样的单位可垂直地得以实施的功能，而且这种功能可就符号系列来说出这些单位是否会出现在其中……因此，如果我们不能为陈述找到单位的结构性标准，那就不应该感到惊讶；因为陈述本身不是一种单位，而是一种横穿过结构和可能单位的领域，并在时空中与具体内容一起对结构和可能单位进行揭示的功能。"①

　　作为穿越言语的结构和可能的单位，作为时空中与具体内容一起对结构和可能单位进行揭示的功能，我们可以从陈述的相关"对象"、陈述与主体的特殊关系、陈述与其陈述范围的关系、陈述的物质性存在这几个方面去理解。首先，陈述与其"对象"的关系不同于命题与其指涉对象、句子与其意义之间的关系。"能够被界定为陈述的相关方的东西是一组领域，这样一些对象在其中可以出现，这样一些关系在其中可以被确定：比如，这将是具有某些可观察的物理属性、可感知大小的关系

---

　　① ［法］米歇尔·福柯：《知识考古学》，董树宝译，生活·读书·新知三联书店2021 年第四版，第 102、103 页。

的物质对象的领域——或者相反，这将是具有任意属性的虚构对象的领域，却没有由试验或感知证实的层级；这将是用邻域和包含的坐标、间距、联系进行空间和地理定位的领域——抑或相反，是象征的附属关系和隐秘的亲缘关系的领域；这将是在陈述得以提出的这同一时刻中和在这同一时间刻度上存在的诸对象的领域，或者这将是属于完全不同的现在——的诸对象的领域。"① 陈述与"对象"相关需要有一个"参照系"，按照福柯的理解，这一参照系不是由"物""事实""现实"或"存在物"构成，而是由可能性的法则、存在规则构成。"陈述的参照系形成陈述出现的场所、条件、范围，形成对个体或对象、对事物状态与陈述本身所启用的关系进行区分的层级；陈述确定着那些赋予句子以意义、赋予命题真值的东西出现和划界的可能性。"② 其次，陈述区别于语言要素的任意系列，同主体保持着特定的关系。"陈述的主体的确不是确定句子是口头表达还是书面表达这种现象的原因、起源或者起点；陈述的主体也不是默默超前于词而将词像其直觉的可见形体一样进行排列的这种有意义的意图；陈述的主体不是一系列操作不变的、静止的、与自身同一的焦点，诸陈述要轮流在话语的表面现实这些操作。陈述的主体是一个的确能被不同个体填充的、特定的、虚空的位置；但这个位置不是一经确定就永久不变，不是在文本、书或者作品的整个行文中维持原状，而是变化无常——或者毋宁说这个位置相当多变，或者使自己通过几个句子能与自身保持同一，或者能让自己随着每个句子发生变化。这个位置是一种维度，用以确定每个作为陈述的表达的特征。"③再次，陈述只有在其相关领域中才能发挥作用。陈述总有一些密布着其他陈述的边缘，"陈述从一开始就在根本上出现在一个有自己位置和地

---

① ［法］米歇尔·福柯:《知识考古学》，董树宝译，生活·读书·新知三联书店2021 年第四版，第 107 页。

② ［法］米歇尔·福柯:《知识考古学》，董树宝译，生活·读书·新知三联书店2021 年第四版，第 108 页。

③ ［法］米歇尔·福柯:《知识考古学》，董树宝译，生活·读书·新知三联书店2021 年第四版，第 112、113 页。

位的陈述范围中，这个陈述范围为它部署过去的可能关系，而且给它开启可能的未来。任何陈述都这样被详述：没有一般意义的陈述，没有自由的、中立的和独立的陈述；但总是有属于系列和集合的陈述，它在其他陈述中间发挥作用，依赖其他陈述而又区别于其他陈述：陈述总是与陈述的运作融为一体，陈述在其中有它自己的份额，不管这一份额是多么少、多么微小"①。概括地说，就是陈述总是以其他陈述为前提，并且一直被陈述的共存范围、系列与更迭的效果、功能和角色的分配包围着。福柯认为，"正是在陈述的共存这一背景下才清楚地在自主的、可描述的层次上显现出句子之间的语法关系，命题之间的语言关系，目标语言与确定其规则的那种目标语言之间的元语言关系，句群之间的修辞关系"②。最后，语言系列要想成为陈述还必须具有物质性存在。如果没用声音表达出陈述，没有符号承载陈述或者是陈述没有在可感知的要素中形成，我们就没有办法讨论陈述。"陈述总是通过物质性的厚度被给定，即便这种厚度被隐藏起来，即便这种厚度一出现就不得不消失。"③

通过上文的论述我们可以发现，既然话语形成是诸陈述的集合，而陈述又不是构成话语形成的特定结构的基本单位，因此我们必须在一种新的关系类型中去理解话语形成与陈述之间的关系。这种关系用福柯的方式概括就是：陈述的分析和话语形成的分析息息相关，特定的话语形成的定位揭示着陈述的特殊层次，同时诸陈述和陈述得以组织的方式导致了话语形成的个体化；"话语形成对于陈述而言不是可能性的条件，而是共存的法则，而且因为诸陈述反过来并不是可互相交换的要素，而是以它们的存在样态为特征的集合"④；在诸陈述属于同一种话语形成

① ［法］米歇尔·福柯：《知识考古学》，董树宝译，生活·读书·新知三联书店2021年第四版，第117页。

② ［法］米歇尔·福柯：《知识考古学》，董树宝译，生活·读书·新知三联书店2021年第四版，第118页。

③ ［法］米歇尔·福柯：《知识考古学》，董树宝译，生活·读书·新知三联书店2021年第四版，第118页。

④ ［法］米歇尔·福柯：《知识考古学》，董树宝译，生活·读书·新知三联书店2021年第四版，第138页。

的范围内，我们把话语称作陈述集合，"话语不会形成一种修辞的或形式的、可无限重复的单位……话语由一些有限的陈述构成，我们能够为这些陈述确定一组存在条件"①；"话语自始至终都是历史的——历史的碎片、历史本身中的单位和非连续性，同时话语对自己的限制、割裂、转换、话语时间性的特殊方式提出问题，而不对话语在时间的共谋关系中的突然出现提出问题。"②

诸陈述在属于同一种话语形成的范围的意义上属于某陈述集合，它们共同构成了话语中诸陈述之间弥散、断裂、转换等关系，从而在这种多层次、多规则相互作用的意义上促成了特定话语的出现。这个陈述集合通过什么样的方式，在何种意义上能排斥特定的话语，从而使某种话语能够凸显出来呢？在福柯看来，"稀缺性"的法则、"外部性"的系统形式、"累积"的特殊形式构成了陈述集合排斥某些话语、凸显某些话语的基本因素。首先，在福柯看来，对于我们在表达中所要最终所指的那个唯一的"意义"相比，作为能指的诸陈述总是显得过剩。也就是说，"与本来可在自然语言中被陈述的东西相比，与语言要素不受限制的组合相比，诸陈述总是有缺陷的；基于人们在既定时代所掌握的语法和词汇库，总共只有比较少的东西被说出来。因此我们将探求可能表达的范围的稀缺性或至少是非－填满的原则……话语形成既在话语的交错中显示为划分原则，又在语言活动的范围中显示为空虚原则……话语形成因此不是一种正在发展的总体性，因为它有自身的活力或特殊的惰性，它把它不再说出的、还没有说出的或马上反驳它的东西随身带入未被表达的话语中；它并不是一种艰难的萌发，而是一种有关缺陷、空洞、缺席、限制、分割的分布"③。福柯认为，陈述的这种稀缺性、有

---

① ［法］米歇尔·福柯：《知识考古学》，董树宝译，生活·读书·新知三联书店2021年第四版，第138页。

② ［法］米歇尔·福柯：《知识考古学》，董树宝译，生活·读书·新知三联书店2021年第四版，第138、139页。

③ ［法］米歇尔·福柯：《知识考古学》，董树宝译，生活·读书·新知三联书店2021年第四版，第141页。

缺陷的、只有部分东西能够被说出来的特性表明：陈述本身不是自身清晰的、透明的存在，"而是一些可被传播和被保存的、具有价值的以及我们试图据为己有的东西，我们重复、复制和转换它们，我们为它们设置一些预先确定的路线，并赋予它们在制度中的地位，它们是一些不仅被复本或译本而且被注释、评论和意义的内部增殖区分开的东西"①。其次，陈述的分析以外部性的系统形式来探讨陈述。福柯认为，在这一意义上理解陈述的关键在于"重新发现陈述事件在它们的相对稀缺性中、在它们有缺项的邻域中，在它们得以展开的空间中得以分布的域外"②。以这种外部系统性的形式探讨陈述，"陈述的范围不会被描述为发生在别处的操作或过程的'翻译'，而是假设陈述的范围在它的经验性节制中被接受为事件、规则性、关系的建立、被规定的变化、成系统的转换场所；简而言之是假设陈述的范围不会被看作另一物的结果或痕迹，而被看作自主的和可以在它自己的层次上被描述的实践领域"③。概括地说，陈述的外部性分析的系统形式意味着："'任何人都说话'，但他说的话不是从任何地方说出来的。它必然陷入外部性的运作中。"④陈述分析的另外一个特点是它诉诸累积的特殊形式。这一特点首先要求我们假定陈述在其特有的残留中被考虑，说陈述是残留，意味着"它们得以保存，多亏某些载体和物质技术、依照某些机构类型并借助某些合乎规定的样态。这还意味着诸陈述被投入到那些应用它们的技术、那些从它们派生出来的实践、那些通过它们得以形成或改变的社会关系中。这最终意味着物完全不再具有同一种存在方式、与它们周围的东西相连的同一种关系系统、相同的使用模式、在它们被说出

---

① ［法］米歇尔·福柯：《知识考古学》，董树宝译，生活·读书·新知三联书店 2021 年第四版，第 142 页。
② ［法］米歇尔·福柯：《知识考古学》，董树宝译，生活·读书·新知三联书店 2021 年第四版，第 144 页。
③ ［法］米歇尔·福柯：《知识考古学》，董树宝译，生活·读书·新知三联书店 2021 年第四版，第 144 页。
④ ［法］米歇尔·福柯：《知识考古学》，董树宝译，生活·读书·新知三联书店 2021 年第四版，第 145 页。

来后就有的相同的转换可能性"①。这一特点还要求我们把陈述放到它特有的"相加性"形式中进行探讨,并且把"复现现象"列入考虑范围。

概括地说,依据福柯对于陈述特征的理解,描述陈述集合就是确立其"实证性",分析话语形成就是在陈述和确定陈述特征的实证性的层次上探讨一套语言运用,或更简单地说是确定话语的实证性类型。用福柯的话说,"如果用稀缺性的分析取代总体性的研究、用外部性关系的描述取代先验根据的主题、用累积的分析取代起源的探寻,人人都是实证主义者"②。这种由稀缺性的分析、外部关系的描述和累积的分析所形成的实证性在福柯那里被称为"历史的先天性"。这里的"先天性"不是指一切判断形成的先天条件,而是诸陈述出现的现实的条件,是被给定的东西的历史的先天性,也是实际上被说出来的东西的历史。"这一先天性应该把诸陈述放在它们的弥散、被它们的不一致开启的所有断层、它们的重叠和相互替代,它们不可统一的同时性和它们不可演绎的更迭中进行阐述。"③ 福柯称作历史的先天性的东西是由实证性形成的,它不同于形式的先天性,并且具有纯经验的形态,它也能给我们解释"这样一种话语在既定时刻能够接受和使用或者反而排除、遗忘或忽视这样或那样的形式结构"④,从而也能够让我们理解"形式的先天性如何能够在历史中具有勾连点,具有嵌入、侵入或出现的地点,具有应用的领域或时机"⑤。根据以不同的实证性类型为特征的历史先天性,并且依据不同的话语形成划分的陈述的领域,不再具有其在"话语的表

---

① [法] 米歇尔·福柯:《知识考古学》,董树宝译,生活·读书·新知三联书店2021年第四版,第146页。

② [法] 米歇尔·福柯:《知识考古学》,董树宝译,生活·读书·新知三联书店2021年第四版,第148页。

③ [法] 米歇尔·福柯:《知识考古学》,董树宝译,生活·读书·新知三联书店2021年第四版,第151页。

④ [法] 米歇尔·福柯:《知识考古学》,董树宝译,生活·读书·新知三联书店2021年第四版,第152页。

⑤ [法] 米歇尔·福柯:《知识考古学》,董树宝译,生活·读书·新知三联书店2021年第四版,第152页。

面"意义上的惰性的、光滑的和中性的要素特征，"主题、观念、概念、知识在这种要素中各自按照自己的运动纷沓而至或者被某种晦暗的动力所驱使"①。由此我们所谈论的诸陈述领域就成为某种"复杂的容积"，"其中一些性质相异的领域得以区分，一些不能被重叠的实践根据特殊的规则得以展开"②，于是我们在话语实践的厚度中拥有一些把陈述当作事件（具有自己的条件和出现领域）和物（包含着自己的使用可能性和使用范围）来建立的系统，福柯把陈述的所有这些系统称作档案。

（三）陈述与档案

作为陈述建立必须依赖的系统，档案既不是全部文本的总和，也不是某些制度的总和。如果档案使某些陈述存在，那么我们不应该向陈述中被直接说出来的东西直接询问原因。"而应该向话语性的系统、这种系统所掌握的陈述的可能性和不可能性询问。"③"档案首先是可以被说出来的东西的法则，是支配着陈述作为独特事件出现的系统。但是，档案也是导致下述情况发生的东西：所有这些被说出来的东西不会无限地堆积在无定形的多元体中，也不会被铭记在没有断裂的线性中……档案不是不顾它的瞬间即逝而保护陈述的事件和为未来记忆而保存它逃脱者身份的东西，而是一开始就在事件–陈述的确切根源上和在它得以呈现的物体中确定它的可陈述性的系统的东西……是确定事物–陈述的现实性方式的东西，是它的运作的系统……是某些话语在其多种多样的存在中得以区分和在其自己的绵延中得以详述的东西。"④"在确定可能的句

① ［法］米歇尔·福柯：《知识考古学》，董树宝译，生活·读书·新知三联书店2021 年第四版，第152、153 页。
② ［法］米歇尔·福柯：《知识考古学》，董树宝译，生活·读书·新知三联书店2021 年第四版，第153 页。
③ ［法］米歇尔·福柯：《知识考古学》，董树宝译，生活·读书·新知三联书店2021 年第四版，第153 页。
④ ［法］米歇尔·福柯：《知识考古学》，董树宝译，生活·读书·新知三联书店2021 年第四版，第154 页。

子之构造系统的语言与被动地汇集被说出来的言语的素材之间，档案界定着特殊的层次：致使大量的陈述作为许多有规则的事件、许多可供讨论的和可操纵的东西出现的层次……它揭示着实践的规则，而实践既可以使陈述持续存在又可使陈述发生规则变化。这就是诸陈述的形成与转换的一般系统。"①

作为诸陈述的形成与转换的一般系统，档案是不可充分描述的，这与陈述的半透明性相对应。各个层次陈述依据各种规则相互作用，从而导致了某种话语的形成，但背后这些支配陈述相互作用的规则是不可见的。档案作为汇集这些规则的系统的东西同样也是不可完全描述的。"我们不可能描述我们自己的档案，因为我们就在它的规则的内部说话，因为恰恰是档案给我们所能说的东西——给它自己、即我们的话语的对象——提供它的出现方式，它的存在与共存的形式，它的累积、历史性和消失的系统……档案的分析包含着一个有特权的领域：它既接近我们，但又相异于我们的现实性，正是时间的边缘环绕着我们的现在，凌驾于我们的现在之上和在它的相异性中指示着我们的现在；这就是在我们之外给我们划定范围的东西。档案的描述基于那些刚好不再属于我们的话语来展开它的可能性；它的存在界限被那种将我们与我们不再能说出的东西、与落在我们话语实践之外的东西区分开的割裂所建立；它开始于我们自己的语言活动的域外；它的场所是我们自己的话语实践的间距。"②

按照福柯的观点，作为使特定的话语实践成为现实并且使构成该话语的各层次的陈述得以出现的背后的运作系统，档案的作用就在于它消除了过去人们关于对象的连续性的、同一性的观念，中断了先验目的论的思路，因为"它证实我们是差异，我们的理性是话语的差异，我们的历史是时间的差异，我们的自我是面具的差异。它证明差异远非被遗

---

① ［法］米歇尔·福柯：《知识考古学》，董树宝译，生活·读书·新知三联书店2021年第四版，第154、155页。
② ［法］米歇尔·福柯：《知识考古学》，董树宝译，生活·读书·新知三联书店2021年第四版，第155、156页。

忘、被掩饰的起源，而是我们所是的、我们所造成的这种弥散"①。

（四）档案作为福柯特有的"内涵逻辑"

在划分属于特定话语形成的陈述集合的层次、构成陈述之间相互作用的规则，进而成为诸陈述的形成和转换系统的意义上，档案构成了福柯特有的"内涵逻辑"，这一逻辑构成了形成特定话语实践的诸陈述之间的相互作用、相互联系的一般基础。在这一点上，它和以黑格尔为代表的"理性论"内涵逻辑、马克思所建构的"实践论"内涵逻辑以及斯特劳斯的"结构化活动"的内涵逻辑有共同之处。不过，作为福柯的"内涵逻辑"的档案和此前的各种各样的内涵逻辑之间的差异性却是其主要特征。从亚里士多德创立的形式逻辑到斯特劳斯的"结构化活动"的内涵逻辑的共同特征，它们都提供了一个知识各个构成要素之间的稳定的联系，不管这种联系是建立在理性的基础上，还是建立在物质生产实践或者是话语实践的基础上。与这些类型的逻辑相区别，福柯的档案不提供任何稳定持存的、可重复的关于话语形成的一般结构。与此恰恰相反，在福柯看来，任何话语形成都是特殊的，属于某个话语形成的诸陈述也是独特的"事件"，因为话语形成以及陈述的形成与转换的一般系统——档案本身就是差异性的、弥散的。关于某一特定对象的特定话语的出现永远不会具有相同的形成和转换的系统，在这一点上，也许我们把福柯的"内涵逻辑"称作"弥散"的"内涵逻辑"更贴切。因为福柯的档案构成了诸陈述的差异的、断裂的、排斥的、弥散的相互作用和相互联系的基础，并且档案分析也证明了诸陈述之间的差异性。

福柯的独具特色的结构主义的"弥散"的"内涵逻辑"与其对于结构的理解密切相关。在法国哲学从结构主义哲学转向后结构主义哲学的进程中，福柯扮演着重要角色并发挥了独特的作用。从思想主张上

---

① ［法］米歇尔·福柯：《知识考古学》，董树宝译，生活·读书·新知三联书店 2021 年第四版，第 157 页。

说，福柯反对用主体的连续性、历史性来解释我们观念的形成，主张用形成观念的各要素之间的空间关系去解释观念的出现和其背后的运作机制，在这一点上，福柯和斯特劳斯等结构主义哲学家是一致的。但是福柯反对像斯特劳斯那样提供一个稳定的"结构化活动"的结构，在他看来，如果我们破除任何先验的、历史的观念去考察话语实践，就必须把每个话语实践看成是一个独特的"事件"。在这个话语实践中，诸陈述之间的相互排斥、相互制约等相互作用的具体运作都是独一无二的，我们虽然可以通过陈述分析揭示这些相互作用都有哪些类型，但无法分析出这些相互作用通过什么样的具体机制使某种具体的话语出现。因为陈述本身是"半透明的"，而构成陈述的档案是不可能完整地获得揭示的。对于特定话语实践的话语形成，我们只能通过陈述的稀缺性的、累积性的、外部性的分析对它进行"厚度"的探寻，只能把它当作独特事件放在自身存在的层次上进行考问，因此我们无法提供话语形成的一般机制。在这个意义上，福柯又努力地消解结构，从而属于后结构主义哲学。

四　德里达对于"结构主义"内涵逻辑的解构

德里达的思想，以解构中心、起源、基础等传统形而上学的基本假定而闻名于世，结构主义所主张的具体认识的"结构"也在德里达的解构名单之列，正是在这个意义上，我们把德里达称为后结构主义哲学的代表人物。

（一）对于"中心"概念的消解

在德里达看来，结构这个概念与西方传统形而上学的中心主义有着密不可分的关联，"甚至结构这个词，都具有'认识'时代的特点，也就是说它们属于西方的科学与哲学时代，这个时代的西方科学与哲学都植根于日常语言的土壤，而认识从这土壤的深处将它们汇集起来，最终以隐喻性位移的方式将它们带向自身……这种结构一直运作着，但它总是被人们坚持要求赋予它一个中心，要将它与某个在场的点、某种固定的源头联系起来的做法给中性化了，给化约了。中心的功能不仅仅是用以引导方向、平衡并组织结构的，因为我们其实无法想象一种无组织的结构，而且它更使结构的组织原则对我们所称的结构之赌注加以限制"①。在德里达看来，结构是构成系统的要素在一定的组织方式下所形成的各要素间的关系，这些关系可以是排列、转换、替换，等等。他认为，在结构中谈论中心，这种方式本身就是充满悖论的。一方面，"中心也关闭了它所开启并使之成为可能的赌注。因为，内容、元素、术语在中心那个点，是不再可能替换的。中心禁止元素的排列或转换……人们总是以为本质上就是独一无二的中心，在结构中成了指挥结构同时又摆脱了结构性的那种东西。这正是为什么，对于结构的古典思想来说，中心，可以充满悖论地既在结构内又在结构外。因为它处于整体的中心，可是中心却不属于它，因为整体的中心在别处。因此这个中心也就是非中心"②。这就是德里达所分析的中心化了的结构概念的矛盾性的形成方式，按照德里达的理解，"中心化了的结构概念其实是建立在某种固定不变且确定的基础之上的一种赌注概念，只是这种固定不变且确定的基础本身却是摆脱了赌注的"③，这种中心化了的结构的实质是"从某种圆满的、博弈外的在场角度去思考结构之结构性"。依据以上分析，德里达把结构概念的历史理解为一系列的中心置换及中心之规定性链条，"因为，这个中心以规范了的方式不断地接纳不同的形式或不同的名称。形而上学史就如西方历史一样，应该就是这些隐喻及换喻的历史……它的母体应该就是以在场呈现的存有的那种规定性。我们也许可以指出，基础、原则或中心的所有名称指的一直都是某种在场（本相、

---

① ［法］雅克·德里达：《书写与差异》，张宁译，中国人民大学出版社 2022 年版，第 494 页。

② ［法］雅克·德里达：《书写与差异》，张宁译，中国人民大学出版社 2022 年版，第 494、495 页。

③ ［法］雅克·德里达：《书写与差异》，张宁译，中国人民大学出版社 2022 年版，第 495 页。

元力、终极目的、能量、本质、实存、实体、主体、揭蔽、先验性、意识、上帝、人等等）的不变性"①。

这种中心化了的结构的理解建立在西方传统形而上学的基础之上。按照德里达的理解，西方传统形而上学没有办法拒绝使用符号这个概念，"因为表意这个词里所含的'符号'意义一直是作为某物的符号来理解与规定的，它也被理解与规定为指向某个所指的能指，及其所指之不同的能指"②。这里包含着两种对立，一方面是感性与知性之间的对立，另一方面是能指与所指之间的对立。传统形而上学在坚持感性与知性对立的基础上试图通过某种方式"删除"能指与所指之间的差异和对立，进而还原能指或引导能指以便最终使符号服从于思想。德里达认为，真正需要质疑的是那个将感性与知性对立的系统，在这方面，斯特劳斯迈出了卓有成效的一步。感性与知性的对立的一个最直接的体现就是自然与文化的对立，正是在质疑自然与文化对立的意义上，斯特劳斯对消解传统形而上学的感性和知性的对立作出了贡献。在斯特劳斯看来，如果我们承认自然和文化之间的对立，那么作为社会的普适性规则的乱伦禁忌就成为"丑闻"，"如果我们假设人类中所有普遍存在的事物都是自然秩序的一部分，并且都有自发性，而一切强行规范的都属于文化，并且具有某些相对而特殊的属性，那么我们就会面对根据前述定义看起来离丑闻不远的某种事实，或者说一组事实。因为乱伦禁忌毫不含糊地表现了这两种我们认为是彼此矛盾并互相排斥的属性之不可分离：乱伦禁忌构成了一种规则，不过，这种规则在所有社会规则中，是唯一具有普适性特征的规则"③。基于此，斯特劳斯认为，乱伦禁忌不仅不是"丑闻"，而且很可能是自然与文化对立形成的根源。最终斯特

---

① ［法］雅克·德里达：《书写与差异》，张宁译，中国人民大学出版社 2022 年版，第 495、496 页。

② ［法］雅克·德里达：《书写与差异》，张宁译，中国人民大学出版社 2022 年版，第 498 页。

③ ［法］雅克·德里达：《书写与差异》，张宁译，中国人民大学出版社 2022 年版，第 501 页。

劳斯虽然没有完全否定自然与文化对立的价值，但也仅仅是在方法论的意义上承认其价值。

（二）延异作为语言的替补性运动与逻辑观念的最终消解

在德里达看来，斯特劳斯在《野性的思维》一书中所阐述的修补匠的工作方式就是运用这样的方法。修补匠的工作特点在于：手边总是有一些现成的、有限的工具，这些工具对于他所面对的任务总是不足的，工具的功能并不是针对其具体任务所设计的。因此，修补匠的工作总是需要对工具加以改造，以便完成具体的任务。德里达把这种方法称为"拼装"，修补匠根据具体的任务需要不断地改造手边现成的工具，与此相类似，一切话语也都是拼装者。也就是说，在德里达看来，在话语活动中，我们对于各种概念的运用也是"改造性"的"替补"。按照德里达的理解，传统哲学的各种"整体化诉求"在"理性""主体"等中心、源头消失之后不再有意义，因为有限语言的性质排除了任何整体化的可能。"这个场域其实是一种博弈的场域，也就是有限集合封闭圈内的无限替代场域。此场域之所以允许无限替代赌注，那是因为它是有限的，也就是说它不是古典假设中大得不可穷尽的场域，它缺少那样一个能停止并奠定替换赌注的中心……这种由于中心或源头缺失或不在场的博弈运动，就是替补性运动。我们不能确定中心的位置，也不能穷尽整体性，因为取代中心的、替补中心的、在中心缺席时占据其位的符号，同时也是作为一种剩余、一种替补物而增加的符号。表意运动添加了某种东西，这意味总是有些盈余的东西，只是这种添加物是漂浮不定的，因为它是替代性的，用来弥补所指方面的缺失性的。"①

德里达关于能指和所指之间的关系的理解源自索绪尔的结构主义语言学。按照索绪尔的观点，能指和所指之间的联系是任意的，二者之间的关联既不由特定的主体维系，也不由客观的自然因素决定。不过按照

---

① ［法］雅克·德里达：《书写与差异》，张宁译，中国人民大学出版社2022年版，第511页。

索绪尔的观念，语言符号内部的这种任意性关联不能扩大到其他的自然或文化上去。与索绪尔不同的是，斯特劳斯把这种任意性联系理解为自然事物和文化事物的一般联系，并且以语言内部的关系模型去理解自然和文化的关系。在福柯那里，语言符号的能指和所指关系发生了进一步的变化，能指对于它的所指总是过多的，有剩余的，而所指在这个关系中变成缺失的、意义不明的，意义不明的所指需要不断的能指来弥补意义的缺失。在这个意义上，能指和所指之间的差别逐渐被取消。德里达关于能指和所指的关系的理解与福柯基本上是一致的。在批判传统的形而上学的永恒"在场"的假定时，德里达就曾经指出，一直"在场"的中心根本是不存在的，因为"先验所指"一直是缺席的，我们无法在一个差异系统中去呈现一个"始源或先验的中心所指"，"因为它总是已经被它的替身流放到其自身之外去了"。① 也就是说，在我们一般的话语活动中，能指和所指之间的关系总是处于差异性之中的，所指只能通过不断地变化的能指被指称，由于所指自身的意义是缺失的，它只能不断地被不同的能指填充，不同的能指之间是一种替代关系，德里达把这种替代称为"延异"。正是在这种话语活动中，旧的能指不断被新的能指所代替的意指活动取消了中心，也取消了源头。

德里达用能指与所指之间的必然的"滑动"来解释这种语言活动中的"延异"现象。在德里达看来，语言（尤其是书写的语言）是非连续性的，"在符征与符指的结合中有一种本质性的滑动，它不只是一个词的简单主动的欺骗，也非语言的幽暗记忆。试图用叙述、哲学话语、理性秩序或推理演绎去还原这种滑动，就是误解了语言本身，因为语言就是与整体的断裂本身"②。按照德里达关于能指和所指之间关系的理解，在语言现象中唯一可以确定的就是语言的差异性，我们总是不断地用新的能指去替代原有的能指，但原有的能指并不因此就具有"根源"

---

① ［法］雅克·德里达:《书写与差异》，张宁译，中国人民大学出版社 2022 年版，第 496 页。

② ［法］雅克·德里达:《书写与差异》，张宁译，中国人民大学出版社 2022 年版，第 118 页。

的意义，它早已被替代活动"流放"掉了，因此，我们在语言现象中既无法找到同一客体（所指），也没有一个永恒"在场"的主体维系我们语言前后之间的联系。在这个意义上，德里达通过能指"滑动"向他者，取消了能指和所指之间以及能指和能指之间的任何联系的根据，从而取消了语言活动中任何稳定的联系，也消解了结构主义所提出的结构内部的稳定关系。在德里达这里，一切逻辑的观念都烟消云散了。

结语　形式逻辑、先验逻辑、思辨逻辑述评

从对形式逻辑的批判和反思开始，本书回顾了自康德以来的逻辑观念的变革，从而大体上勾勒出了近代以来逻辑观念发展变化一般进程的轮廓。通过前面的回顾我们不难发现，"逻辑"作为思想必然性的观念在不同的时代背景下，在不同的哲学观念下的含义是不同的。造成这种逻辑观念差异的根本原因在于：每个哲学家都结合自己的特定的哲学任务来理解逻辑观念，因此他们的目的不是在"逻辑"一般的意义上去讨论逻辑，而是在解决自身所面临的哲学问题的需要中去澄清和阐明自己关于逻辑的理解。康德建立"先验逻辑"的目的在于阐明关于经验现象界的知性认识的客观必然性，也就是在直观和知性范畴之间建立起必然性的联系。这一必然性的联系涉及认知的质料与形式以及认识诸概念范畴之间的关系，这种关系不能简单地由形式逻辑的推论建立起来。因此，康德在肯定传统形式逻辑并考察其思维形式必然性的意义时，指出了传统形式逻辑的局限：在考察思维内容的必然性的方面，传统形式逻辑就无能为力了。这样，康德在客观评价由亚里士多德所创立的形式逻辑的意义的同时，提出了建立"先验逻辑"的必要性。在说明经验现象界的知识何以可能的意义上，康德的先验逻辑是关于有限的知性知识的"内涵逻辑"。其发挥作用的领域和方式都和传统的形式逻辑截然不同，因此，不能简单地把它和传统的形式逻辑加以比较和评价。与康德的先验逻辑不同，黑格尔通过考察理性在自身的运动发展过程中对于自身规定的辩证发展进程，建立起了概念对立统一的思辨逻辑，并且把思辨逻辑视为基础性的逻辑，把所有其他科学的逻辑都视为应用逻辑。黑格尔的逻辑观念也是由其独特的哲学任务决定的，在康德哲学之后，虽然在

思维和存在之间建立起必然性联系的任务已经完成，但在黑格尔看来，这个任务完成得并不彻底。由于康德哲学和费希特哲学都把知识的根据建立在主体的基础上，他们所形成的关于经验现象界的知识就只能是以"我"为依据颁布给经验现象界的法律，即"人为自然立法"。因此，无论如何先验逻辑也避免不了"主观的"逻辑的缺憾。在理性观念上，黑格尔极度反对康德和费希特哲学的关于理性的"主观的""有限的"观点，他认为"主观的"理性是一种非常毁败的见解。以纠正康德和费希特哲学的关于理性的主观的、有限的观点为目标，黑格尔的思辨逻辑的目标是论证和建立客观的理性真理的逻辑，这一逻辑是关于理性的以自身为依据的、关于理性作为一切思维规定的依据的的逻辑。作为关于"无限的"理性的逻辑，它必然要打破知性的各种有限形式的对立，以无限的理性的自身运动去说明并消解这种对立，从而说明在诸概念范畴之间必然性联系的客观性。在无限的理性的自身运动、自我规定和自我认识的意义上，我们才能打破知性思维所提供的固有的对立，进而进入精神的思辨领域，进入到对于无限的理性的认识领域。因此，把握和理解思辨逻辑的关键，首先是它的区别于经验常识和知性思维的对象，唯有我们去把握那个无限的、永恒运动的理性的时候，我们才有权利进入思辨领域。

现代哲学对于传统哲学的批判首先针对的就是黑格尔哲学的"无限理性"。不论是马克思哲学对于传统哲学的"实践论"批判，还是福柯的分析哲学的"语言分析"批判，抑或是索绪尔结构主义的关于语言实践的批判，都以批判、消解这个无限的、永恒在场的理性为根本目的。在马克思看来，理性不具有自身独立的"自足性"的特质，我们所形成的一切思想都来源于人类的历史的感性对象性实践活动。因此，如果说在我们的思想中有"必然性"的逻辑，那么这个逻辑也只能是通过人类实践以及对这个实践的反思和总结来形成和检验。在分析哲学看来，语言的意义在于对经验事实的描述，这也是我们衡量一个命题是否有意义的标准。传统形而上学所谈论的"实体""主体""理性"等概念都无法在日常经验中找到它们具体的"所指"，因而针对它们所形成的一切命题也都是无法用经验来证实或者证伪的，它们都是无意义的命题。结构主义哲学和后结构主义哲学将其批判的锋芒指向"持续的""永恒在场的"主体，在它们看来，在我们的认识活动、言语活动中没有任何"稳定的""持续性的"主体作为基础发挥作用，思想活动、言语活动是一个多种因素相互作用的整体。因此，在结构主义哲学那里，"逻辑"的必然性至多只能是在结构中体现出来的结构性联系，这种联系不再具有客观的、必然的含义。最后，结构性的联系在德里达的"延异"的语言活动中彻底消散。

从上述关于逻辑观念变迁的概括性描述我们不难看出：从亚里士多德的形式逻辑到近代以来康德的知性的先验逻辑，再到黑格尔的思辨的理性逻辑，再到现代哲学在批判传统形而上学时所提出的种种逻辑，"逻辑"都不是一个具有共同"所指"的概念。在不同的哲学体系中，逻辑既不具有相同的讨论对象，也不具有相同的相关领域，与此相对应，逻辑这一概念的含义也发生着明显的变化。因此，试图以某种逻辑观念去统摄、涵盖其他逻辑观念，并在此基础上试图建立一个统一的逻辑体系是根本行不通的。关于逻辑，我们能够做的，就是依据每种逻辑所针对的特殊对象、所具有的特殊的认识功能及其所特有有效的应用范围来厘定其独特的价值。

一　形式逻辑述评

形式逻辑是一门古老的科学，按照康德在《纯粹理性批判》中的说法，这门科学自亚里士多德建立后开始就已经走上了可靠的道路。这里所说的可靠的道路是指"逻辑学"在这里确定了自己的对象因而也就明确了自己的研究界限。按照康德的理解，正是由于形式抽象掉了知识的一切对象和差别，它仅仅同自身的形式打交道，它才能够在古希腊时代人类知识体系尚未充分发展之前就能够形成自身相对完备的体系。作为形式逻辑最初的相对完备的逻辑体系，亚里士多德所建立的三段论就是我们最早可以用来判断直言命题推理是否合乎规则的逻辑系统。在亚里士多德之后，麦加拉学派和斯多阿学派共同创立和完善了命题逻辑，至此，传统意义上的形式逻辑最终形成。传统形式逻辑建立之后，在相当长的一段时间里其基本内容都没有发生变化，用康德的说法就是它无法迈出任何前进的步子。形式逻辑止步不前的根本原因在于，不管人类知识体系经过多少次的更新，体现它们的基本思维形式依旧是不变的，判断人类具体思维过程是否符合逻辑的一般规定性也是不变的，因此，作为评价人类思维是否严密、是否符合逻辑的工具——形式逻辑本身不会随着人类知识体系的发展而发生变化。

19世纪中叶至19世纪末，形式逻辑终于迎来了发展的新契机。1847年，英国数学家布尔的《逻辑的数学分析》一书的发表为传统形式逻辑向现代形式逻辑的发展奠定了基础。布尔建立了布尔代数，创造了一套符号系统，并利用符号来表示逻辑中的各种概念。此外，布尔还建立了一系列的运算法则，从而能够用代数的方法研究逻辑问题，为数理逻辑的建立奠定了基础。1884年，德国数学家弗雷格出版了《算术基础》，在书中，弗雷格引入量词符号，从而把直言命题逻辑的研究也纳入数理逻辑研究的范畴，使现代数理逻辑进一步完备起来。数理逻辑的建立使传统的以日常语言为载体的形式逻辑发展为以符号运算为基础的现代形式逻辑。数学化的运算方法使形式逻辑的研究更加便捷和深入。

（一）形式逻辑的工具性特征

作为最古老的、我们最熟知的逻辑，形式逻辑对于我们的价值主要在于它的工具性。形式逻辑的工具性的地位和功能在创立它的古希腊哲学家亚里士多德那里就已经明确给出了界定，亚里士多德把他的关于三段论推理的理论探讨收入其著作《工具论》中，这本身就表明亚里士多德对于形式逻辑的工具性的理解。在亚里士多德之后，培根基于对传统的形式逻辑的不满建立了归纳逻辑，这就是培根的《新工具》所要探讨的主要内容。无论是亚里士多德还是培根都是在工具性的意义上去理解形式逻辑。我们在这里强调形式逻辑的工具性的地位和功能的主要目的是把它和作为知识、真理的先验逻辑和思辨逻辑区分开来。形式逻辑对于人类思维的贡献主要在于它对于思维形式必然性的考察。按照国内某些学者的观点，形式逻辑主要考察的是推理形式的必然性，这一点无论在命题逻辑和词项逻辑那里都体现得非常明显。命题逻辑的最基本单位是简单命题，它根本不考察简单命题的内部结构，而只是考察一系列命题联结词的逻辑性质，从而判定通过这些命题联结词我们究竟能够进行哪些必然性的推理。同命题逻辑不同，词项逻辑依据主项和谓项在数量上的关联进行推理，其结论虽然看起来是一个全新的命题（因为其主项和谓项都与前提不同），但结论的主项和谓项都包含于前提之中并且主项和谓项在一定数量上的关联（肯定或否定）已经在前提中被严格限定，这种限定是通过数量关系的包含或排斥来形成的。这种数量关系的必然性构成了词项逻辑三段论推理的依据。正是由于这一依据，三段论推理可以抽象掉词项的具体内涵来建立其推理的一般有效形式。由以上分析我们不难看出，恰恰是由于形式逻辑抽象掉了推理的具体内容而只考察它的抽象形式，它才建立起了关于推理有效性的一般规则，从而能够充当评判我们思维推理是否必然有效的一般工具。

形式逻辑的工具性与其抽象性、形式性是密不可分的。正是由于形式逻辑抽象掉了思维的具体内容而只考察它的形式的必然性，它才能够作为一般的思维推理规则来评判我们其他具体思维过程，它才具有工具的意义。但同时这种只考察思维形式的研究方式也直接导致了形式逻辑的局限性，即它无法考察思维内容的必然性联系是否有效。在明确形式逻辑的优越性和局限性的基础上我们可以谈论其工具性的作用。

形式逻辑的工具性作用的体现多种多样，概括地说，主要体现在以下几个方面。首先，形式逻辑是我们获取新知识的有力工具。除了经验实践、阅读、思考等方式之外，推论也是人类获取知识的一个重要途径之一。一些高度抽象的一般性的理论概括必须通过推论和具体的经验条件相结合，才能够成为指导人们实践的具体知识。在这个理性推论的过程中，形式逻辑充当推论过程的基本规则以确保推理过程的必然性。此外，现代形式逻辑的数学运算大大提高了我们归纳总结已知条件的能力，通过命题逻辑公式的运算，我们能够迅速而准确地得出从已知前提能够得出的推论。形式逻辑对于我们获取新知识的作用不胜枚举，这里笔者仅从这两个方面例证。其次，形式逻辑是提高我们证明、反驳等逻辑思维能力的有力工具。人天生是理性的动物，在人类的语言活动中，运用逻辑推理来进行的证明、反驳等论辩活动占据着重要地位。它不仅在人们的理论思考中占据着举足轻重的地位，同时在人们的日常交往实践中的相互沟通和协调活动中起着重要作用。我们甚至可以说，在人们的日常生活中，我们时时刻刻都离不开形式逻辑。最后，形式逻辑是我们提高理论思维批判能力的有力工具。所谓理论思维的批判能力，就是针对既定的理论进行辨析和反思批判的能力。在理论的批判活动中，一是对于理论的认识和理解，二是对理论的辨析和反思，三是对理论的质疑和批判。在对理论的认识和理解中，逻辑思维要求把理论理解为一个首尾一致的必然性的体系；在对理论的辨析和反思中，逻辑思维要寻求理论内部的不和谐的、自相矛盾的东西；在对理论的质疑和批判中，逻辑思维要求从某个观点出发对理论进行总体性的批判。因此，在理论批判活动中，逻辑思维能力的强弱对于我们能否深入展开对既定的理论的批判至关重要。提升逻辑思维能力，最直接的方式是通过不断的思想辨析活动展开具体的证明与反驳。

（二）形式逻辑的诸种前提

形式逻辑揭示了我们思维活动的形式结构的基本规律，因而对于我们提升思维能力，进而促进知识的增长具有重大意义。作为关于人类思维活动的形式结构的学问，形式逻辑毫无疑问对于人类知识具有一定的基础性的地位，但我们却不能把它视为评价人类一切思维活动的最基本的标准。其根本原因在于，作为人类思维活动的强大的辅助工具，形式逻辑在发挥作用时需要以多种条件作为基础。亦即形式逻辑作为评判人类思维是否合乎逻辑的工具需要多种前提。

首先，如上文所说，形式逻辑主要是以推理为其研究对象，而推理以概念、判断作为前提，因而，如果我们没有关于概念、判断的理论，那么即便我们有关于推理的理论，这个理论也无法发挥作用。推理得以建立的前提是概念和判断，这一点亚里士多德已经通过其《工具论》加以明示。亚里士多德在建立其三段论推理理论之前，首先对各种各样的概念范畴进行了分类，他指出："一切非复合词包括：实体、数量、性质、关系、何地、何时、所处、所有、动作、承受。"① 这就是亚里士多德所提出的十个范畴，这些简单的基础范畴是我们形成判断的主要的基础。对于这些范畴，亚里士多德还分析了它们在判断中的地位和用法。例如："实体，在最严格、最原始、最根本的意义上说，是既不述说一个主体，也不存在于一个主体之中，如'个别的人'、'个别的马'……除了第一实体，所有你其他事物，或者都可以被用来述说作为主体的第一实体，或存在于作为主体的第一实体中。"② 亚里士多德的范畴理论为概念范畴通过特定的联结方式形成命题，进而为其提供三段论推理理论前提奠定了基础。

其次，由于形式逻辑仅仅以思维活动的形式结构为对象，而不考察具体思维内容联系的必然性，因此它必须以人类文明所形成的各种各样的知识作为其前提。这种必须由实际知识提供的前提，表现在命题逻辑里是各种各样的简单命题，表现在三段论里是大前提和小前提。这也就充分表明，当我们在各种各样的领域运用形式逻辑进行推理时，它所能起的作用只是确保其形式正确，至于知识内容方面的必然性，它就无能为力了。值得一提的是，现代逻辑由于完全使用数学符号而把逻辑推理变成了命题逻辑公式的演算，看起来似乎不需要其他科学知识为它提供前提。其实，现代的数理逻辑在本质上和传统形式逻辑是一样的，只不过现代形式逻辑的研究方式发生了变化。命题逻辑公式或者是自然命题推理系统要检验具体推理形式是否正确，仍然要用符号对应相应的词项或命题，仍然需要证明词项或命题本身所揭示的思想内容是正确可靠

---

① ［古希腊］亚里士多德：《工具论》上，余纪元等译，中国人民大学出版社2003年版，第5页。

② ［古希腊］亚里士多德：《工具论》上，余纪元等译，中国人民大学出版社2003年版，第6、7页。

的。从这个意义上说，现代形式逻辑比传统形式逻辑的形式化程度更进一步，但它仍然改变不了需要具体知识内容作为其推理的具体内容的这一事实。

最后，作为关于人类思维的形式结构及其规律的科学，形式逻辑的一个不易为人所察觉的前提是思维和存在的同一性。作为全部哲学的重大的基本问题，思维和存在的关系问题是对于思维活动及其所要把握的对象之间的关系的反省式的考察。回顾人类思想史，尤其是哲学的思想史，我们可以概括出对于这一问题的两种基本回答。第一种回答肯定思维活动和其所要把握的对象之间的联系并且断定思维活动能够客观地揭示和把握其对象的本质和规律，因而在根本上承诺了思维活动和它所要把握对象的同一性。在通常情况下，人类思维的自然倾向就认定人的思维能够客观如实的揭示和把握对象，古希腊哲学在最开始时就体现出这样的特征。此外，在经历了怀疑主义、批判哲学等关于人类思维的否定的、相对主义的理解之后，思维和存在的同一性又在谢林、黑格尔等哲学家那里得到了最终的肯定性的答案。第二种回答否定思维和其所要把握的对象之间的联系，并且从根本上否定思维活动客观地揭示和把握其对象的可能想，因而在根本的意义上否定思维和存在的同一性。在西方哲学史的发展进程中，后苏格拉底时期的怀疑主义、近代的休谟以及现代哲学中各种各样的反理性主义思潮都属于反对思维和存在同一性的哲学。

就形式逻辑的创始人亚里士多德来说，他是肯定思维和存在的同一性的。这一点不仅体现在其关于各种范畴的理解上，也体现在他试图把人类知识整理成一个井然有序、首尾一致的体系的努力中。也就是说，在亚里士多德那里，我们既可以形成关于"本体"的基本原理，也可以建立起关于经验世界的知识体系，这些原理和知识就是关于思维对象的客观知识。形式逻辑作为对于思维活动的形式结构的系统研究，其意义和价值依赖于人类思维活动的意义和价值。只有在人类思维活动能够形成关于对象的客观的、本质性的认识的基础上，形式逻辑作为关于思维的形式结构的研究才能具有工具性的意义。在这个意义上，对于思维和存在关系的肯定性的回答，构成了形式逻辑的基本前提。

综上所述我们不难发现，无论是从基础上，还是从具体的应用上，形式逻辑都具有不可或缺的前提条件，离开这些前提条件，不要说形式逻辑的具体推论，就连形式逻辑自身存在的合法性根基都会从根本上被动摇。因此，我们在充分肯定形式逻辑的工具性价值的前提下，必须充分认识到其发挥作用的条件和范围，反对那些把形式逻辑看作人类一切理论知识的基础并以它为最后评判标准的观念。

二　先验逻辑述评

在肯定传统的形式逻辑在检验思维形式必然性的功能的基础上，康德反省了传统形式逻辑的局限性，并且在此基础上建立了先验逻辑，这是自亚里士多德的形式逻辑之后的一种新的逻辑。康德建立先验逻辑的根本目的同亚里士多德建立形式逻辑不同，亚里士多德建立形式逻辑的目的在于建立关于自然的系统的知识。按照亚里士多德的观点，我们通过语言形成句子所进行的表达就是对自然界本质的揭示，也就是关于自然的知识。亚里士多德在范畴篇里选取了十个基本范畴作为认识自然的基本范畴，这些范畴通过表示肯定或否定的联项联结起来就构成了关于自然的基本判断。亚里士多德的三段论推理就是在主项和谓项具有联系的判断之间建立起推理关系，从而形成一个关于自然的知识体系。与亚里士多德不同的是，康德并不认为概念范畴和感性自然之间是必然的一一对应关系，因此，在他那里我们为什么有关于经验现象界的必然性的知识是需要论证的，而这就是康德建立先验逻辑的根本目的。在这个意义上，康德的先验逻辑确实是认知的，而非纯逻辑的、工具性的。康德的先验逻辑所要论证的问题恰恰是亚里士多德的哲学默认为是前提的东西。

（一）认识何以可能——先验逻辑的根本问题

康德的先验逻辑建基于对亚里士多德逻辑理论的改造和反省之上。康德所面对的问题是近代哲学遗留下来的问题，即具有客观必然性的知识何以可能的问题。康德认为，对于这一问题的回答，我们已经不可能采取以认识对象为中心的认识路线，休谟哲学的怀疑主义结论就很好地证明了这一点。康德采取的方式是让对象围绕主体旋转，也就是感性经验对象围绕着认知它的主体旋转，因而我们可以说康德所采取的方式是人的知性为自然立法。这里面的问题在于，以主体、人的认知能力为基点，我们如何能形成具有客观必然性的知识。康德的先验逻辑所要解决的正是这一问题。要获得客观必然性的知识，我们通常首先想到的就是逻辑，即亚里士多德所创立的形式逻辑。在对形式逻辑进行分析后，康德指出，在考察思维形式的必然性方面，形式逻辑非常可靠，但一旦我们要去寻找思维内容联系的必然性，形式逻辑就无能为力了。康德建立的先验逻辑的目的就是为思维内容的必然性联系奠定基础。按照康德的理解，思维把握感性经验对象，其实质就是通过知性概念把感性直观中的杂多以某种综合统一的方式进行把握。因而在康德这里面，思维内容联系的必然性一方面体现为将知性概念运用于感性直观表象的必然性，另一方面体现为知性判断自身的必然性。对于知性判断自身的必然性，康德以探讨先天综合判断何以可能的方式来进行探讨。在以数学为例确认我们有先天的知识之后，康德的目标就是测定我们究竟具有哪些先天的知识。探讨人类究竟有哪些先天的知识，其实质就是测定知性的能力。按照康德的说法，"我们能够把知性的一切行动归结为判断，以至于知性一般来说可以表现为一种做判断的能力"①。因此，如果我们能够把判断中的统一性机能完备地描述出来，我们也就找到了知性的机能，知性的认识能力也就获得了完备的描述。康德把知性的判断机能分为四个项目，分别为质的判断、量的判断、关系的判断和模态的判断，同时这些项目下面都包含三个契机，其中第三个契机为前两个的综合。康德认为，这四个项目之下的诸判断就构成了知性综合能力的总体，进而构成了先验逻辑的最基本内容。对于知性概念应用于感性直观表象的合法性问题，康德从两个方面加以论证：一方面是知性概念范畴应用于

---

① ［德］康德：《纯粹理性批判》，邓晓芒译，人民出版社 2004 年版，第 63 页。

感性直观表象的先天性依据，康德把这部分内容命名为纯粹知性概念的先天演绎；另一方面是知性概念能够运用于感性直观表象的感性条件，即纯粹知性的图型法。就是知性范畴应用于感性直观表象的先天的必然性，康德的思路是，感性直观能力与知性概念范畴都是从属于意识统一性根据的"我"，它们都是作为"我"的不同的认识机能，因此，即便是受感性直观形式制约的感性直观表象，也首先就潜在地受到了作为先验统觉的"我"的规定，而知性范畴不过是"我"的综合能力的具体的逻辑的展示，它本身就受到"我"的先天综合能力的规定，因此，就二者根源于并且统一于"我"来说，知性范畴对于感性直观表象就具有先天的有效性。就知性概念应用与感性直观表象的经验性条件来说，存在着把知性概念范畴和感性直观表象结合起来的先验图型。图型作为知性范畴和感性直观表象的中介，它一方面和知性范畴同质，是"智性的"，另一方面和直观表象同质，是感性的。先验图型的形成依靠的是想象力的机能。按照康德的说法，"想象力是把一个对象甚至当它不在场时也在直观中表象出来的能力"①。它一方面属于感性，另一方面又属于知性。说它是感性的，在于它提供给知性概念以相应的直观对象；说它是知性的，在于它是进行规定的而不像感官那样只是可规定的，因而是能够按照统觉的统一并根据感官的形式来规定感官的。通过康德先验逻辑的基本问题以及其相关论述，我们不难发现，先验逻辑所要解决的基本问题不是"逻辑"的，而是知识的。也就是说，康德建立先验逻辑的目的是测定人类知性的认识能力，进而为理性确定其界限。在解决这个问题的基础上，康德才思考人类知性知识内容的必然性，并把关于这个必然性的理论称为先验逻辑。在这个前提下，我们才能够讨论先验逻辑和形式逻辑的关系、先验逻辑与思辨逻辑的关系等相关问题。

（二）先验逻辑与形式逻辑、思辨逻辑

关于先验逻辑的第一个争论就是它究竟是不是"逻辑"。国内一些

---

① ［德］康德：《纯粹理性批判》，邓晓芒译，人民出版社2004年版，第101页。

学者以形式逻辑的标准去审视先验逻辑，得出了先验逻辑不是逻辑的结论。另外一些学者则认为不应该局限于形式逻辑的观念来理解逻辑，在这个意义上，康德的先验逻辑是关于知性综合认识机能的必然性的逻辑，因而它也应当是另外一种类型的逻辑。由于先验逻辑构成了我们关于经验现象的知识的基础，因而它也是形式逻辑推理的必要前提。另有学者通过分析康德在建立先验逻辑的过程中对于形式逻辑和先验逻辑的相关论述来确立二者之间的地位及相互关系。

关于先验逻辑，我们首先可以确定的是，它不是类似形式逻辑的工具性的逻辑，因而也不能够在日常应用中充当评判思维形式是否严密的工具，在这个意义上，它不是逻辑；但是，如果从知识形成的角度去理解，它又是逻辑，是关于知识形成过程中思维内容必然性的逻辑。因此，在突破传统形式逻辑关于逻辑的理解基础上，我们可以说它是一种关于认识机能或认识过程的逻辑，这种逻辑对于我们理解人类的知识具有重要意义。在这个意义上，我们甚至可以说先验逻辑为形式逻辑奠定了知识基础。

关于先验逻辑的另外一个争论就是先验逻辑和思辨逻辑的关系。如前所述，康德的先验逻辑的目的在于给予知识之综合一个先天性的依据，这个依据在康德看来就是根源于主体的直观、想象力、知性等人的认识官能的协调一致。具体来说，感性直观为知性提供需要综合的感性直观对象，知性范畴为综合这些感性直观表象提供某种先天的形式（如康德的知性范畴表所列出的那些综合的逻辑机能），想象力在为知性范畴提供直观表象的意义上具有直观的机能，在把知性范畴的综合机能通过图式应用于感性直观表象的意义上具有知性的综合机能。由此看来，在康德的先验逻辑中也包含着思辨的内容，至少在关于想象力的论述中是如此。但是，康德在自己的著作中一再强调直观和知性的二元区分，因而也把思辨逻辑归结为主观的幻象，是需要加以抵制的东西。这里我们究竟应该如何理解康德先验逻辑中关于想象力的思辨的论述呢？

第一，通过康德关于知性和直观的严格区分以及康德关于先验辩证论作为幻象的逻辑的观点我们可以看出，康德本人持有一种坚定的知性的立场。这种立场表现在康德对于人类认识机能之间的严格区分的坚持和康德对于肯定判断和否定判断之间的对立的理解。在康德看来，一旦我们对于某个对象既可以有肯定判断，又可以有否定判断，这两种判断就会相互冲突，进而我们关于这个对象的确定性的知识也就被取消了。然而问题并不就此而一劳永逸地解决了。康德的先验逻辑首先要建立起认识对象（内容）与认识形式的必然性联系，认识对象是被我们的感性直观的先天形式所规定的，认识形式是由知性的先天的综合判断的逻辑机能所决定的，因此，先验逻辑必须解决的问题就是人的感性直观的能力如何同知性的综合判断的能力协调一致。康德的解决策略是两种能力都根源于先验主体——"自我"，二者都被"自我"这个先验主体所规定，因而是能够协调一致的。此外，在二者之间有一种处于中介地位的认识机能——想象力，想象力作为联结直观和知性的认识机能必然一方面具有感性直观的特征，另一方面具有知性范畴的特征。在这里，康德关于想象力的论述确实具有辩证的特性，但康德只是把它看作主体的某种先天固有的认识能力，至于这种能力是如何通过主体自身的活动产生出来的，这本身已经超出了康德纯粹理性批判讨论的范畴，因为"自我"不是我们的感性直观经验的对象，我们无法对它形成系统的反省和认知。在这个意义上，康德坚持了其知性的立场，拒斥了思辨的逻辑。从这个意义上说，康德的先验逻辑同思辨逻辑划清了界限。

第二，康德的先验逻辑和思辨逻辑又具有难以隔断的联系。在感性直观和知性判断之间建立起联系本身就意味着从差异和对立走向同一，这在康德哲学那里体现为想象力的辩证特性。此外，康德的后继者费希特不满足于康德关于知性判断机能的几个门类之间彼此分离、缺乏联系的特征，费希特力图通过"自我"的原初的活动逐步推演出知性的各个范畴并形成一个统一的范畴体系。费希特的关于"自我"的原初活动的推演本身已经超出了康德的先验逻辑所设定的知性对立，从而属于思辨的逻辑了。在费希特之后，谢林和黑格尔也都曾尝试对思维和存在的统一进行逻辑的推演和论证，并且分别建立了各自的思辨的逻辑。

三 思辨逻辑述评

如前文所述，同样是关于知识形成的逻辑，思辨逻辑同先验逻辑的区别就在于它打破了知性所设定的概念之间固有的对立，力图在差异和对立的事物之间建立起联系，在相异的概念之间建立起相互转化和统一的关系。我们此前所探讨过的费希特哲学、谢林哲学和黑格尔哲学都在这方面付出过努力并且尝试建立起真理的逻辑体系，其中尤以黑格尔哲学具有代表性。在反思西方哲学的全部历史发展的基础上，黑格尔以一个个特定的哲学范畴概括了各个时代哲学的发展并且把这些范畴看成是理性发展的各个不同阶段，由此黑格尔建立起了关于人类认识发展的概念发展的逻辑，也就是黑格尔在其代表性著作《逻辑学》中所展示出来的概念辩证法。

（一）思辨逻辑的理论预设——"无限的"理性

黑格尔和康德关于理性的观点截然相反，在康德看来，理论理性是寓居于主体之内的先天的认识能力，它虽然对于受主体规定的经验现象有效，但我们无法把它运用到"物自体"上面去，一旦如此理性将陷入二律背反。康德对理性持一种主观的、有限的观点。与此相反，在黑格尔看来，理性是客观的、无限的。在黑格尔看来，相信理性的力量并且在此基础上确立追求真理的信念乃是进行哲学研究的第一条件。正是在这样的理性观念下，黑格尔才创立了他的辩证逻辑——概念辩证法。康德把理性理解为主体，而黑格尔同时把理性理解为实体——主体。在作为黑格尔哲学的秘密的诞生地的《精神现象学》中，黑格尔开宗明义地指出，"一切问题的关键在于：不仅把真实的东西或真理理解和表述为实体，而且同样理解和表述为主体。同时还必须注意到，实体性自身既包含着共相或知识自身的直接性，也包含着存在或作为知识之对象的那种直接性"①。

---

① ［德］黑格尔:《精神现象学》上卷，贺麟、王玖兴译，商务印书馆 1979 年第二版，第 10 页。

这种融对象和知识于一身的实体——主体当然不是现成的、不动的存在，而是一个在不断的运动中建立自身并且同时认识自身的存在。黑格尔说，"活的实体，只当它是建立自身的运动时，或者说，只当它是自身转化与其自己之间的中介时，它才真正是个现实的存在，或换个说法也一样，它这个存在才真正是主体。实体作为主体是纯粹的简单的否定性，唯其如此，它是单一的东西分裂为二的过程或树立对立面的双重化过程，而这种过程又是这种漠不相干的区别及其对立的否定。所以唯有这种正在重建其自身的同一性或在他物中的自身反映，才是绝对的真理，而原始的或直接的统一性，就其本身而言，则不是绝对的真理"①。

　　黑格尔这里关于实体—主体的观点，非常鲜明地表明他关于理性的无限的观点。理性作为实体，是不断分裂自身并且不断克服这种分裂所造成的对立的实体，正是在这种分裂和对这种分裂的克服中，理性才不断地发展自身，使自身成为无所不包的存在；理性作为主体对这种自身重建运动的认识，是不断超越概念的分裂和对立并且在新的统一中去把握这种对立的主体，在理性的自身反映即反思中，理性既不断形成诸概念之间的对立，同时又克服这种种对立，用一种更高的统一性去统摄这种对立。正是由于理性在建立自身和反省自身的过程中不断地分裂自身并不断地克服这种分裂，理性才超越知性的有限的对立，统摄对立进而统一对立的双方，从而成为真正超越对立的无限的实体——主体。因此，一旦脱离开黑格尔关于理性的无限性的理解，我们没办法理解黑格尔为什么要建立一个对立统一的思辨逻辑。

　　黑格尔在《逻辑学》一书中所阐述的概念辩证法是以无限的、自我建立并自身反映的理性的运动为前提的。理性在反映自身现阶段自我建立的运动时总会对自身有所规定，而规定就意味对自身有所限定，一旦无限的理性意识到了对于自身的限制和规定，理性就必然要通过自身的运动超越这个限制，只有这样理性才能成为一个无限的全体。在逻辑学

---

　　① ［德］黑格尔：《精神现象学》上卷，贺麟、王玖兴译，商务印书馆 1979 年第二版，第 11 页。

中，黑格尔的思辨逻辑总不会满足于或停顿于一个既定的规定性，总是通过理性的努力突破既有的规定性。以理性的无限性为依据的理性的自我否定和自我超越、自我认识的运动是思辨逻辑所揭示的辩证运动的实质性内容。因此，离开了理性作为无限者的自我运动，我们就无法理解为什么概念会自相矛盾、自我否定和自我运动，辩证逻辑也就变成了唯心主义者所宣扬的"神秘的"逻辑。

（二）思辨逻辑的非形式化特征及其现实意义

确立了黑格尔思辨逻辑的重要前提，我们就能够从根本上把握思辨逻辑的特性以及与它相关的一些问题。首先是关于思辨逻辑的形式化问题。关于这一问题，思辨逻辑的基本前提已经给出了明确的答复。思辨逻辑以理性的自我建立和自身反映的具体运动为前提，因此，离开了理性的自身运动的具体环节的实质内容，就无所谓思辨的逻辑，思辨逻辑的从正题到反题再到合题的一般形式就变成了生搬硬套的公式。因此，与可以作为工具的形式逻辑不同，我们不能脱离理性的具体运动抽离出一个一般的思辨逻辑的形式，我们也不能以这个一般性的形式去评判我们其他具体思维的有效性。在这个意义上，我们必须说，思辨逻辑是非工具性、非形式化的逻辑。

这里需要注意的一点是，虽然我们说思辨逻辑不能脱离开理性作为无限者的自我建立和自身反映的具体内容，但它对于我们理解其他类似于理性的事物的一般进程是具有示范和启发意义的。理性作为无限者是自我建立、自我完善并且以自身为依据的。当我们把其他的有生命的、有机的、整体的、系统的复杂存在当作研究对象去思考的时候，这个具体对象便具有了类似的特征。对于这类对象加以思考和研究，我们不能基于形式逻辑，也不能基于先验逻辑，而只能参照思辨逻辑。在这方面做出卓越示范的是马克思，当马克思在研究资本主义社会这个庞大而复杂的有机体的时候，他是把它看成一个有机的、整体性的、以自身的活动为依据的存在，因此马克思强调了辩证法在他进行《资本论》写作中的重大启示意义。虽然马克思强调黑格尔辩证法的重要方法论意义和启示作用，但他并不因此就生搬硬套地照搬思辨逻辑的一般环节，这也许才是我们今天运用思辨逻辑进行思考研究最值得借鉴的东西。

四　辩证逻辑述评

首先需要说明的是什么是辩证逻辑。马克思曾经在《资本论》序言的跋文中说明了自己的辩证方法与黑格尔辩证方法的区别与联系。一方面，马克思承认黑格尔对于辩证方法所作出的重大贡献，虽然辩证法在黑格尔手中神秘化了，"但这决没有妨碍他第一个全面地有意识地叙述了辩证法的一般运动形式"①。正是在辩证法一般运动形式的意义上，马克思承认自己是黑格尔的学生，甚至在某些地方卖弄黑格尔特有的表达方式。马克思更加强调他的辩证方法和黑格尔辩证方法的不同之处："我的辩证方法，从根本上来说，不仅和黑格尔的辩证方法不同，而且和它截然相反。在黑格尔看来，思维过程，即甚至被他在观念这一名称下转化为独立主体的思维过程，是现实事物的造物主，而现实事物只是思维过程的外部表现。我的看法刚好相反，观念的东西不外是移入人的头脑并在人的头脑中改造过的物质的东西而已。"② 鉴于马克思对自己的辩证方法和黑格尔的辩证方法的区分，我们有必要以新的名称命名马克思的辩证方法加以命名。在前文中，我以思辨的逻辑来命名黑格尔建立在"无限的理性"基础上的辩证方法。在与黑格尔的思辨逻辑相区别的意义上，我把马克思的辩证方法称为辩证逻辑。

（一）马克思辩证逻辑的前提预设

马克思既肯定黑格尔对于辩证法一般运动形式的贡献，又批判其神秘化的特征，强调自己的辩证法同黑格尔的辩证法的区别。其根本原因

---

① 马克思：《资本论》第一卷，中共中央马克思、恩格斯、列宁、斯大林著作编译局译，人民出版社 2004 年第 2 版，第 22 页。

② 马克思：《资本论》第一卷，中共中央马克思、恩格斯、列宁、斯大林著作编译局译，人民出版社 2004 年第 2 版，第 22 页。

在于，马克思的辩证逻辑建立在与黑格尔的思辨逻辑截然不同的前提预设基础之上。马克思一生中曾多次对以黑格尔为代表的唯心主义哲学进行批判，具体表现为马克思不同时期对以黑格尔哲学为基础的宗教、法、哲学、唯心主义世界观、唯心主义历史观等思想的多次批判和清算。马克思在这些批判的过程中所依据的基本观点是：作为以现实生活为基础的宗教、法、哲学、世界观和历史观等意识形态诸形式，它们是对于现实生活的抽象反映，并且经常常是漫画化了的、歪曲的反映。因此，我们看待一个人或者一个社会不能以这个人或者社会对它自己的意识为依据，要想认识现实的社会生活，必须诉诸以对于这个社会的经济、政治、文化等结构的经验的、实证的分析。在对形形色色的意识形态的进行批判的过程中，马克思始终如一地强调的是现实生活的原初性、创生性及其不可完全归结为某种统一意识形态的异质性特征。正是由于现实生活的原初性和创生性，思想在任何时候都只能是关于现实生活的思想，这就是马克思的"意识在任何时候都只能是被意识到了的存在，而人们的存在就是他们的现实生活过程"这一命题的基本内涵。按照马克思的历史唯物主义观点，现实生活先于思想，绝不存在任何先于且超越于现实之上的理论。现实生活是思想的墓碑，这可以看作马克思的辩证逻辑的第一个理论预设。

马克思强调现实生活先于思想，但现实生活并不是某种已经被某种规律所决定了的、完成了的、封闭的现实。现实生活是人类通过自己的感性对象性实践活动不断改造的人与自然、人与社会以及人与人之间关系的常变常新的现实，随着人类实践活动的历史性开展，这一现实总是不断改变其内在的结构，呈现出新的面貌。现实生活和人类感性对象性实践的这种内在关联决定了理论和实践之间的关系。在马克思的思想视野中，实践的需求永远高于理论的需求。或者换句话说，理论的意义主要在于推动实践的变革。在马克思的改变世界以谋求人类的现实幸福的哲学观念中，改变现实的不平等，进而在此基础上为人的自由发展开辟道路，远远比建立关于现实的政治、经济、文化的理论体系重要。我们可以这么说，在马克思的思想观念中，对于理论来说，理论地认识和把握世界远没有以理论推动无产阶级的改造现实世界的革命运动重要。在《〈黑格尔法哲学批判〉导言》一文中，马克思在批判德国哲学远离现实的抽象之后指出："批判的武器当然不能代替武器的批判，物质力量只能用物质力量来摧毁；但是理论一经掌握群众，也会变成物质力量。"① 马克思认识到，要消灭当时德国的落后现实，除了需要无产阶级拿起武器进行现实斗争之外，理论对于团结和推动无产阶级的革命运动也具有重大意义，但理论的作用不能脱离开对于无产阶级的现实革命实践的推动和影响。正是在这个意义上，马克思强调自己不同于经院哲学家。在《关于费尔巴哈的提纲》中，马克思反对离开具体的实践抽象谈论真理的客观性，并强调："哲学家们只是用不同的方式解释世界，问题在于改变世界。"② 强调实践对于理论的优先性，理论以为实践服务为宗旨，这是马克思的辩证逻辑的第二个前提预设。

马克思辩证逻辑的第三个前提预设是辩证法的否定的、批判的、革命的本质。与黑格尔的辩证法强调理性的统一性不同，马克思的辩证法强调的是否定性和批判性。在《资本论》中，马克思强调："辩证法，在其合理形态上，引起资产阶级及其空论主义的代言人的恼怒和恐怖，因为辩证法在对现存事物的肯定的理解中同时包含对现存事物的否定的理解，即对现存事物的必然灭亡的理解；辩证法对每一种形式都是从不断的运动中，因而也是从它的暂时性方面去理解；辩证法不崇拜任何东西，按其本质来说，它是批判的和革命的。"③ 马克思辩证方法的否定性和批判性特征根源于现实对于思想的优先性，也源于实践对于理论的优先性。基于现实对于思想的优先性，作为对于现实的反映的思想永远滞后于现实，因而理论永远不能故步自封，自我满足。思想如果能对现实有意义，有推动现实的作用就必须不断地基于现实进行自我批判和自我反省。基于实践对于理论的优先性，理论的目标永远是促进和推动实践的发展，

---

① 《马克思恩格斯选集》第一卷，人民出版社 2012 年版，第 9 页。
② 《马克思恩格斯选集》第一卷，人民出版社 2012 年版，第 136 页。
③ 马克思：《资本论》第一卷，人民出版社 2004 年第 2 版，第 22 页。

而不是对于过去或者现存的事物进行认识论意义上的理解和把握。理论的目的永远是通过干预实践而变成实践力量参与现实的历史运动，一旦这一目标实现，理论自身也就失去了存在的必要。也就是说，一旦理论所认识到的现实已经被现实的历史实践活动所改变，理论就失去了存在的价值和意义。这一点我们可以参照《资本论》关于资本主义社会发展的理论和资本主义社会发展现实来理解。从理论上说，《资本论》确实为我们揭开了资本主义生产的秘密，但认识到这个秘密不是关键，通过对这个秘密的了解来实现对于资本主义社会现实的批判和改造才是关键。马克思的《资本论》的理论旨趣不是认识、理解资本主义，而是批判和消灭资本主义。一旦资本主义社会制度被无产阶级革命实践活动所消灭，《资本论》所揭示的现实不复存在，《资本论》也就失去了存在的意义和价值。

以上我们谈到了马克思辩证逻辑的三个基本前提预设，这三个基本前提预设是马克思在批判以黑格尔为代表的形形色色的唯心主义哲学的过程中形成的，从一定意义上说，它们是马克思新的世界观的重要组成部分。它们从根本上决定了马克思的辩证法、辩证逻辑截然不同于黑格尔的辩证法和思辨逻辑。

（二）作为现实历史的"内涵逻辑"的辩证逻辑

如前文所述，马克思的辩证方法或辩证逻辑不同于黑格尔的辩证方法或思辨逻辑，因此，我们必须在不同的内涵上去理解马克思的辩证逻辑。具体地说，同黑格尔的"理性论"的内涵逻辑不同，马克思的思辨逻辑是现实历史的内涵逻辑。

首先，基于对于理论和现实关系的理解，马克思否认在感性对象性的现实世界之外存在着超验的理性世界，因此也就不存在黑格尔式的关于理性自身固有规定性及其相互联系的思辨逻辑。对于马克思来讲，"意识在任何时候都只能是被意识到了的存在，而人们的存在就是他们的现实生活过程。"① 因此，不同于唯心主义哲学家，马克思把人们的

---

① 《马克思恩格斯选集》第一卷，人民出版社 2012 版，第 152 页。

感性对象性的、基于生产实践的历史视为唯一真实的对象。为了为无产阶级提供理论武器进而推动无产阶级对于现实世界的改造，马克思给自己提出了理论地解释当下的资本主义现实并揭示其发展的历史趋势的理论任务，《资本论》就是马克思完成这一任务的理论成果。通过对以商品交换为基础的资本主义生产方式的内在形成机制及其现实历史发展的具体分析，马克思对资本主义社会现实形成了系统的、逻辑的认识与反省。一方面，马克思为我们揭示了资本主义社会产生、发展的一般运动过程，另一方面，马克思通过分析也指明了资本主义社会的历史命运，进而为推动无产阶级改造现实世界，进行无产阶级革命指明了方向。

关于马克思的《资本论》，列宁有如下判断："虽说马克思没有留下'逻辑'（大写字母的），但它遗留下《资本论》的逻辑，应当充分地利用这种逻辑来解决这一问题。在《资本论》中，唯物主义的逻辑、辩证法和认识论［不必要三个词，它们是同一个东西］都应用于一门科学，这种唯物主义从黑格尔那里吸取了全部有价值的东西。"① 列宁关于《资本论》的逻辑的说法给我们提出了一个问题：《资本论》作为马克思的特有的逻辑，究竟是一种什么样的逻辑？在前文中，笔者曾经同黑格尔的关于理性自身运动的"基础的逻辑"相比较，把马克思的《资本论》的逻辑称之为"应用的逻辑"，即关于资本主义社会这个现实对象的具体的逻辑。关于这一观点，笔者这里不再详加分析。这里需要继续说明的一点是，马克思的《资本论》作为具体的、应用的辩证逻辑，乃是现实历史的"内涵逻辑"。由于马克思的《资本论》以现实的资本主义社会发展作为自己的研究对象，因此，《资本论》作为关于资本主义社会历史发展的具体科学是比较容易理解的。我们这里要阐明的是：《资本论》作为关于资本主义社会现实历史的具体科学，是以现实历史的内涵逻辑呈现出来的。首先，《资本论》所呈现出来的资本主义社会历史发展进程，并不直接就是资本主义社会历史发展的经验的、实证的历史。换句话说，并非是资本主义自身的实践的、实证的历史本身

---

① 列宁：《哲学笔记》，人民出版社1993年版，第290页。

就蕴含着一个有机的、整体的、连续的历史,《资本论》只是把这个历史联系和历史规律揭示出来、反映出来。马克思在《1857——1858 经济学手稿》中具体探讨了经济范畴和具体历史之间复杂的关系:一方面,从简单的经济范畴发展为较具体的经济范畴符合现实历史发展的一般进程;另一方面,某些简单的经济范畴(比如劳动一般)只有在发达的现代资本主义国家内部才能获得其充分的发展和真实意义。这充分表明,《资本论》所呈现的资本主义的一般发展进程,并不是对于经验的资本主义社会发展史的简单直接的反映,而是以某种统一性的逻辑对资本主义社会形成机制的再现。这一点马克思说的也很清楚,马克思把它在《资本论》中所运用的从抽象上升到具体的方法称为叙述的方法。马克思强调,"在形式上,叙述方法必须与研究方法不同。研究必须充分地占有材料,分析它的各种发展形式,探寻这些形式的内在联系。只有这项工作完成以后,现实的运动才能适当地叙述出来。"① 也就是说,如果把现实的运动过程揭示出来,必须运用从抽象上升到具体的辩证方法。但是,我们必须时刻谨记,"从抽象上升到具体的方法,只是思维用来掌握具体、把它当做一个精神上的具体再现出来的方式。但决不是具体本身的产生过程。"② "具体总体作为思想总体、作为思想具体,事实上是思维的、理解的产物;但是,决不是处于直观和表象之外或驾于其上而思维着的、自我产生着的概念的产物,而是把直观和表象加工成概念这一过程的产物。"③ 从上述马克思关于《资本论》的研究方法的论述中我们不难看出,马克思的《资本论》实质上是对资本主义产生和发展历史的具体的、系统的逻辑再现,是以社会历史的具体的内涵逻辑揭示资本主义社会方式发生、发展的一般进程。至于马克思为什么要以关于社会历史的内涵逻辑来叙述和再现这一进程,恩格斯在评价马克思的政治经济学方法时给出了令人信服的解释:"对经济学的批判,即使

---

① 马克思:《资本论》第一卷,人民出版社 2004 年第二版,第 21、22 页。
② 《马克思恩格斯选集》第二卷。人民出版社 2012 年版,第 701 页。
③ 《马克思恩格斯选集》第二卷。人民出版社 2012 年版,第 701 页。

按照已经得到的方法，也可以采用两种方式：按照历史或者按照逻辑。既然在历史上也像在它的文献的反映上一样，大体说来，发展也是从最简单的关系进到比较复杂的关系，那么，政治经济学文献的历史发展就提供了批判所能遵循的自然线索，而且，大体说来，经济范畴出现的顺序同它们在逻辑发展中的顺序也是一样的。这种形式表面上看来有好处，就是比较明确，因为这正是跟随着现实的发展，但是实际上这种形式至多只是比较通俗而已。历史常常是跳跃式地和曲折地前进的，如果必须处处跟随着它，那就势必不仅会注意许多无关紧要的材料，而且也会常常打断思想进程；并且，写经济学史又不能撇开资产阶级社会的历史，这就会使工作漫无止境，因为一切准备工作都还没有做。因此，逻辑的方式是唯一适用的方式。但是，实际上这种方式无非是历史的方式，不过摆脱了历史的形式以及起扰乱作用的偶然性而已。历史从哪里开始，思想进程也应当从哪里开始，而思想进程的进一步发展不过是历史过程在抽象的、理论上前后一贯的形式上的反映；这种反映是经过修正的，然而是按照现实的历史过程本身的规律修正的，这时，每一个要素可以在它完全成熟而具有典型性的发展点上加以考察。"①恩格斯这里要说明的是，如果我们要想理解资本主义社会历史的一般发展进程和内在规律，其方式只能是运用历史的、逻辑的方法，只有这种方法能够指明资本主义社会发展的进程中各种要素的内在的联系。

　　另外一个至关重要的问题是：我们如何看待马克思在《资本论》中为我们示范的辩证逻辑？它是不是我们在其他具体研究中可以效仿的方法？前一个问题涉及我们对马克思的辩证逻辑的具体定位，即它作为关于资本主义历史发展的具体科学是不是某种我们完全不能反思批判并加以改进的某种"真理"。对这个问题的回答是显而易见的，作为关于资本主义社会这个具体的历史对象的研究，《资本论》毫无疑问在其时代水平上对资本主义社会做出了最深刻的理解和反省，但基于其具体对象的持续的历史发展变化，它已经无法对当今资本主义社会的一些新变化

---

① 《马克思恩格斯选集》第二卷，人民出版社 2012 年版，第 13、14 页。

和新发展做出令人信服的解释。这一点从《资本论》作为关于资本主义社会发展的具体科学这一论断直接推断出来。作为研究对象的资本主义社会本身发生的巨大的改变，原有的关于它的具体科学当然也就或多或少的不再能对它具有同等的解释力和批判力。第二个问题涉及我们学习和应用马克思为我们示范的辩证逻辑，对这个问题的回答也是显而易见的。我们当然可以学习和效仿马克思的辩证逻辑，虽然这看起来十分的艰难。在笔者看来，在具体的研究中效仿马克思的辩证逻辑至少需要做到以下几点：第一，对自己的研究对象进行过大量的分析的、实证性的研究，从而对该具体研究对象的各个具体要素之间的联系有充分而深入的了解；第二，在总问题的高度上去把握这个对象，在对象的纷繁复杂的要素中把握住某种内在一致的东西，这是内在逻辑一致性的基础；第三，在基本矛盾的基础上展开对于各具体要素的分析与综合，形成关于对象的具体的内在的联系。总而言之，学习和运用马克思的辩证逻辑，不是简单的模仿和套用，而是在坚实的具体的研究过程中重建对象的具体的内在统一性。

参考文献

一 中文文献

（一）马克思主义经典著作

《马克思恩格斯选集》第1—4卷，人民出版社2012年版。

《马克思恩格斯文集》第1—10卷，人民出版社2009年版。

《马克思恩格斯全集》第一卷上册，人民出版社1960年版。

《马克思恩格斯全集》第三卷，人民出版社1956年版。

《马克思恩格斯全集》第三十五卷，人民出版社2013年版。

马克思：《资本论》第一卷，人民出版社2004年版。

马克思：《1844年经济学哲学手稿》，中共中央马克思恩格斯列宁斯大林著作编译局译，人民出版社2000年版。

（二）中文专著

北京大学哲学系外国哲学教研室编译：《十八世纪末—十九世纪初德国哲学》，商务印书馆1975年版。

陈嘉映：《哲学·科学·常识》，东方出版社2007年版。

陈学明、马拥军：《走近马克思》，人民出版社2002年版。

邓晓芒：《思辨的张力——黑格尔辩证法新探》，湖南教育出版社1992年版。

高清海：《高清海哲学文存》第1—6卷，吉林人民出版社1997年版。

高清海：《高清海哲学文存续编》第1—3卷，黑龙江教育出版社2003年版。

贺来：《辩证法的生存论基础——马克思辩证法的当代阐释》，中国人民大学出版社 2004 年版。

何卫平：《通向解释学辩证法之途——伽达默尔哲学思想研究》，上海三联书店 2001 年版。

孙利天：《论辩证法的思维方式》，吉林大学出版社 1994 年版。

孙利天：《死亡意识》，吉林教育出版社 2001 年版。

孙正聿：《孙正聿哲学文集》第 1—9 卷，吉林人民出版社 2007 年版。

孙正聿：《理论思维的前提批判——论辩证法的批判本性》，辽宁人民出版社 1992 年版。

孙正聿：《崇高的位置——徘徊于世纪之交的哲学理性》，吉林人民出版社 1997 年版。

孙正聿：《哲学通论》，辽宁人民出版社 1998 年版。

孙正聿：《马克思辩证法理论的当代反思》，人民出版社 2002 年版。

孙正聿：《超越意识》，吉林教育出版社 2001 年版。

孙正聿：《哲学修养十五讲》，北京大学出版社 2004 年版。

涂纪亮：《语言哲学名著选辑》，生活·读书·新知三联书店 1988 年版。

汪民安、陈永国、马海良主编：《后现代性的哲学话语》，浙江人民出版社 2000 年版。

王天成：《直觉与逻辑》，长春出版社 2000 年版。

姚大志：《现代之后：20 世纪晚期西方哲学》，东方出版社 2000 年版。

杨耕：《为马克思辩护》，黑龙江人民出版社 2002 年版。

杨祖陶：《德国古典哲学逻辑进程》，武汉大学出版社 2003 年修订版。

杨祖陶、邓晓芒：《康德〈纯粹理性批判〉指要》，湖南教育出版社 1996 年版。

中国人民大学哲学系逻辑教研室编：《逻辑学》，中国人民大学出版社 2002 年版。

邹化政：《〈人类理解论〉研究》，人民出版社 1987 年版。

邹化政：《黑格尔哲学统观》，吉林人民出版社 1991 年版。

张世英：《进入澄明之境》，商务印书馆 2001 年版。

张一兵：《回到马克思经济学语境中的哲学话语》，江苏人民出版社 1999

年版。

张一兵：《无调式的辩证想象——阿多诺〈否定的辩证法〉的文本学解读》，语言·读书·新知三联书店 2001 年版。

（三）中文译著

［德］阿多尔诺：《否定的辩证法》，张峰译，重庆出版社 1993 年版。

［英］A. J. 艾耶尔：《语言、真理与逻辑》，尹大贻译，上海译文出版社 2006 年版。

［英］A. J. 艾耶尔：《二十世纪哲学》，李步楼、俞宣孟、苑利均等译，上海译文出版社 2005 年版。

［意］安东尼奥·葛兰西：《狱中札记》，曹雷雨、姜丽、张跃译，中国社会科学出版社 2000 年版。

［法］阿尔都塞：《哲学与政治》上、下，陈越译，吉林人民出版社 2011 年版。

［德］阿尔布莱希特·韦尔默：《后形而上学现代性》，应奇、罗亚玲编译，商务印书馆 2007 年版。

［法］保罗·利科：《哲学主要趋向》，李幼蒸、徐奕春译，商务印书馆 1988 年版。

［法］保罗·利科：《历史与真理》，姜志辉译，上海译文出版社 2004 年版。

［英］鲍曼：《后现代性及其缺憾》，郇建立、李静韬译，学林出版社 2002 年版。

［美］丹尼尔·贝尔：《意识形态的终结》，张国清译，江苏人民出版社 2001 年版。

［德］E. 策勒尔：《古希腊哲学史纲》，翁绍军译，山东人民出版社 2007 年版。

［德］恩斯特·卡西尔：《人论》，甘阳译，上海译文出版社 1985 年版。

［英］菲利普·史密斯：《文化理论：导论》，张鲲译，商务印书馆 2008 年版。

［瑞士］费尔迪南·德·索绪尔：《普通语言学教程》，高名凯译，商务

印书馆 1980 年版。

［德］费希特：《全部知识学的基础》，王玖兴译，商务印书馆 1986
年版。

［法］弗朗索瓦·多斯：《从结构到解构——法国 20 世纪思想主潮》上
卷，季广茂译，中央编译出版社 2004 年版。

［德］伽达默尔：《真理与方法》上卷，洪汉鼎译，上海译文出版社 2004
年版。

［德］加达默尔：《哲学解释学》，夏镇平、宋建平译，上海译文出版社
2004 年版。

［德］海德格尔：《存在与时间》，陈嘉映、王庆节译，生活·读书·新
知三联书店 1987 年版。

［德］海德格尔：《海德格尔选集》上、下卷，孙周兴译，上海三联书
店 1996 年版。

［德］海德格尔：《形而上学导论》，熊伟、王庆节译，商务印书馆 1996
年版。

［德］海德格尔：《面向思的事情》，陈小文、孙周兴译，商务印书馆
1999 年版。

［德］黑格尔：《法哲学原理》，范扬、张企泰译，商务印书馆 1995 年版

［德］黑格尔：《精神现象学》上卷，贺麟、王玖兴译，商务印书馆
1979 年版。

［德］黑格尔：《精神现象学》下卷，贺麟、王玖兴译，商务印书馆
1979 年版。

［德］黑格尔：《逻辑学》上卷，杨一之译，商务印书馆 1966 年版。

［德］黑格尔：《小逻辑》，贺麟译，商务印书馆 1980 年第二版。

［德］黑格尔：《哲学史讲演录》第 1 卷，贺麟、王太庆译，商务印书
馆 1959 年版。

［德］黑格尔：《哲学史讲演录》第 2 卷，贺麟、王太庆译，商务印书
馆 1960 年版。

［德］黑格尔：《哲学史讲演录》第 3 卷，贺麟、王太庆译，商务印书

馆 1959 年版。

［德］黑格尔：《哲学史讲演录》第 4 卷，贺麟、王太庆译，商务印书馆 1978 年版。

［德］黑格尔：《费希特与谢林哲学体系的差别》，宋祖良、程志民译，商务印书馆 1994 年版。

［英］吉尔伯特·赖尔：《心的概念》，徐大建译，商务印书馆 1992 年版。

［英］卡尔·波普尔：《猜想与反驳》，傅季重等译，上海译文出版社 2001 年版。

［德］卡尔·柯尔施：《马克思主义和哲学》，王南湜、荣新海译，重庆出版社 1989 年版。

［德］康德：《纯粹理性批判》，邓晓芒译，人民出版社 2004 年版。

［德］康德：《实践理性批判》，邓晓芒译，人民出版社 2003 年版。

［德］康德：《判断力批判》，邓晓芒译，人民出版社 2002 年版。

［德］康德：《任何一种能够作为科学出现的未来形而上学导论》，庞景仁译，商务印书馆 1978 年版。

［德］康德：《逻辑学讲义》，许景行译，商务印书馆 2010 年版。

［法］克洛德·列维 - 斯特劳斯：《结构人类学》第一卷，张祖建译，中国人民大学出版社 2006 年版。

［法］克洛德·列维 - 斯特劳斯：《野性的思维》，李幼蒸译，中国人民大学出版社 2006 年版。

［美］劳伦斯·卡弘：《哲学的终结》，冯克利译，江苏人民出版社 2001 年版。

［法］让 - 弗朗索瓦·利奥塔尔：《后现代状态：关于知识的报告》，车瑾山译，南京大学出版社 2011 年版。

［美］理查德·罗蒂：《哲学和自然之镜》，李幼蒸译，商务印书馆 2003 年版。

［法］列维 - 布留尔：《原始思维》，丁由译，商务印书馆 1981 年版。

［匈］卢卡奇：《历史和阶级意识》，杜章智、任立、燕宏远译，商务印

书馆 1992 年版。

〔德〕鲁道夫·卡尔纳普：《世界的逻辑构造》，陈启伟译，上海译文出版社 1999 年版。

〔法〕路易·阿尔都塞：《保卫马克思》，顾良译，商务印书馆 2010 年版。

〔法〕路易·阿尔都塞、艾蒂安·巴里巴尔：《读〈资本论〉》，李其庆、冯文光译，中央编译出版社 2008 年版。

〔德〕马克斯·霍克海默、西奥多阿道尔诺：《启蒙辩证法：哲学断片》，渠敬东、曹卫东译，上海人民出版社 2006 年版。

〔英〕迈克尔·达米特：《分析哲学的起源》，王路译，上海译文出版社 2005 年版。

〔法〕米歇尔·福柯：《知识考古学》，董树宝译，生活·读书·新知三联书店 2021 年版。

〔英〕培根：《新工具》，许宝骙译，商务印书馆 1984 年版。

〔英〕佩里·安德森：《当代西方马克思主义》，余文烈译，东方出版社 1989 年版

〔瑞士〕皮亚杰：《发生认识论原理》，王宪钿等译，商务印书馆 1981 年版。

〔美〕蒯因：《从逻辑的观点看》陈启伟译，中国人民大学出版社 2007 年版。

〔美〕索尔·克里普克：《命名与必然性》，梅文译，上海译文出版社 2005 年版。

〔英〕特伦斯·霍克斯：《结构主义与符号学》，瞿铁鹏译，上海译文出版社 1987 年版。

〔美〕M. W. 瓦托夫斯基：《科学思想的概念基础——科学哲学导论》，范岱年、吴忠、林夏水、金吾伦等译，求实出版社 1982 年版。

〔奥〕维特根斯坦：《逻辑哲学论》，贺绍甲译，商务印书馆 1996 年版。

〔德〕谢林：《先验唯心论体系》，梁志学、石泉译，商务印书馆 1977 年版。

［法］雅克·德里达：《马克思的幽灵：债务国家、哀悼活动和新国际》，何一译，中国人民大学出版社1999年版。

［法］雅克·德里达：《书写与差异》，张宁译，中国人民大学出版社2022年版。

［德］尤尔根·哈贝马斯：《重建历史唯物主义》，郭官义译，社会科学文献出版社2000年版。

［德］于尔根·哈贝马斯：《后形而上学思想》，曹卫东、付德根译，译林出版社2001年版。

［美］约翰·塞尔：《心灵、语言和社会》，李步楼译，上海译文出版社2006年版。

［古希腊］亚里士多德：《工具论》上，余纪元等译，中国人民大学出版社2003年版。

［古希腊］亚里士多德：《形而上学》，吴寿彭译，商务印书馆1959年版。

［美］詹明信：《晚期资本主义的文化逻辑》，陈清侨等译，生活·读书·新知三联书店1997年版。

（四）期刊

邓晓芒：《论先验现象学与黑格尔辩证法的差异》，《江苏社会科学》1999年第6期。

邓晓芒：《康德先验逻辑对形式逻辑的奠基》，《江苏社会科学》2004年第6期。

方朝晖：《"辩证法"一词考》，《哲学研究》2002年第1期。

高清海：《辩证法与"变戏法"》，《洛阳师范学院学报》2000年第3期。

高清海、孙利天：《哲学的终结与人类生存》，《江海学刊》2003年第5期。

贺来：《辩证法与过程哲学的对话——科布教授访谈录》，《哲学动态》2005年第9期。

黄晖：《福柯的知识考古学理论剖析》，《法国研究》2006年第2期。

江怡：《当代语言哲学研究——从语形到语义再到语用》，《外语学刊》

2007 年第 3 期。

李大强：《对象、可能世界与必然性》，《吉林大学社会科学学报》2007 年第
　　6 期。

梁志学：《略论先验逻辑到辩证逻辑的发展》，《云南大学学报》（社会科
　　学版）2004 年第 4 期。

潘卫红：《康德的先验演绎——兼论先验想象力的重要地位》，《广西社
　　会科学》2008 年第 1 期。

强以华：《康德哲学的先验逻辑及其意义》，《哲学研究》2007 年第
　　2 期。

尚杰：《从结构主义到后结构主义》上，《世界哲学》2004 年第 3 期。

尚杰：《结构与解构》，《世界哲学》2021 年第 3 期。

尚杰：《重新理解概念——在德勒兹与德里达之间》，《中国社会科学院
　　研究生院学报》2013 年第 9 期。

孙利天：《现代哲学革命和当代辩证法理论》，《哲学研究》1994 年第
　　7 期。

孙利天：《信仰的对话：辩证法的当代任务和形态》，《社会科学战线》
　　2003 年第 6 期。

孙利天：《作为思想的形而上学》，《学习与探索》2003 年第 6 期。

孙正聿、李璐玮：《形式逻辑概念分类质疑》，《社会科学战线》1988 年第
　　4 期。

孙正聿：《从两极到中介——现代哲学的革命》，《哲学研究》1988 年第
　　8 期。

孙正聿：《怎样理解马克思的哲学革命》，《吉林大学社会科学学报》
　　2005 年第 3 期。

孙正聿：《辩证法：黑格尔、马克思和后形而上学》，《中国社会科学》
　　2008 年第 3 期。

孙震、尚杰：《从列维－斯特劳斯的"结构"到德里达的"解构"——
　　读德里达的〈人文科学话语中的结构、符号与游戏〉》，《辽宁大学
　　学报》（哲学社会科学版）2014 年第 2 期。

王南湜：《作为实践智慧的辩证法》，《社会科学战线》2003 年第 6 期。

王南湜：《辩证法与实践智慧》，《哲学动态》2005 年第 4 期。

王天成：《从外在形而上学到内在形而上学》，《吉林大学社会科学学报》1999 年第 3 期。

王天成：《从传统范畴论到先验范畴论康德的先验逻辑对传统形而上学范畴论的批判改造》，《社会科学战线》2004 年第 2 期。

王天成：《生命意义的觉解与辩证法的任务》，《吉林大学社会科学学报》2005 年第 4 期。

王寅：《范畴三论：经典范畴、原型范畴、图式范畴——论认知语言学对后现代哲学的贡献》，《外文研究》2013 年第 3 期。

肖伟胜：《列维－斯特劳斯结构人类学与"文化主义范式"的初创》，《学习与探索》2016 年第 3 期。

谢地坤：《从原始直观到天才直观——谢林〈先验唯心论体系〉之解读》，《云南大学学报》（社会科学版）2004 年第 1 期。

姚大志：《什么是辩证法》，《社会科学战线》2003 年第 6 期。

杨光、陈梦瑶：《修辞的转义与话语的遗迹：福柯〈知识考古学〉中的"档案"概念解码》，《档案学通讯》2021 年第 4 期。

叶秀山：《康德之"先验逻辑"与知识论》，《广东社会科学》2003 年第 4 期。

叶秀山：《论福柯的"知识考古学"》，《中国社会科学》1990 年第 4 期。

叶秀山：《康德之"先验逻辑"与知识论》，《广东社会科学》2003 年第 4 期。

张盾：《论康德的哲学观：先验辩证论新探》，《学习与探索》1992 年第 3 期。

张汝伦：《马克思的哲学观和"哲学的终结"》，《中国社会科学》2003 年第 4 期。

朱德生：《如何理解辩证法》，《河北师范大学学报》（哲学社会科学版）2002 年第 6 期。